LINE
アニメーションスタンプを作って売る本

篠塚 充 著

C&R研究所

■権利について

- 本書に記述されている社名・製品名などは、一般に各社の商標または登録商標です。
- 本書では™、©、®は割愛しています。

■本書の内容について

- 本書は著者·編集者が実際に操作した結果を慎重に検討し、著述·編集しています。ただし、本書の記述内容に関わる運用結果にまつわるあらゆる損害・障害につきましては、責任を負いませんのであらかじめご了承ください。
- 本書で紹介している各操作の画面は、OSやWebブラウザによってはデザインや仕様、内容が変更になる場合もあります。本書で解説している画面と比べ、メニューの位置が変わったり、操作が一部変更になったりする場合がありますので、あらかじめご了承ください。なお、本書は、2018年1月現在の情報をもとに作成しています。

■動作環境について

- 本書では、次の環境で動作確認を行っています。
  - ・Windows10
  - ・Mac OS X
  - ・iPhone7 Plus（iOS 11.2.1）
  - ・Inkscape 0.92
  - ・9va-win Version 0.5.12

■本書で紹介しているアニメーションスタンプについて

- 本書で紹介している著者が作成したアニメーションスタンプは、LINE STOREで販売されています。実際のアニメーションスタンプの動きなどを参考にしたい場合は、下記のURLをご確認ください。

URL https://line.me/S/sticker/1626769/

●本書の内容についてのお問い合わせについて

この度はC&R研究所の書籍をお買いあげいただきましてありがとうございます。本書の内容に関するお問い合わせは、「書名」「該当するページ番号」「返信先」を必ず明記の上、C&R研究所のホームページ（http://www.c-r.com/）の右上の「お問い合わせ」をクリックし、専用フォームからお送りいただくか、FAXまたは郵送で次の宛先までお送りください。お電話でのお問い合わせや本書の内容とは直接的に関係のない事柄に関するご質問にはお答えできませんので、あらかじめご了承ください。

〒950-3122 新潟県新潟市北区西名目所4083-6　株式会社 C&R研究所　編集部
FAX 025-258-2801
「LINEアニメーションスタンプを作って売る本」サポート係

はじめに

本書は、LINEクリエイターズスタンプのアニメーションスタンプを販売するまでのノウハウをまとめた書籍です。平成26年12月に発刊された「LINEクリエイターズスタンプを作って売る本」のアニメーションスタンプ版になり、実際にクリエイターズスタンプを作成・販売した経験をもとに、執筆しています。

現在、クリエイターズスタンプには、多くのユーザーが参加して、日々新しいスタンプが登録されています。平成28年度からは、動くクリエイターズスタンプ＝アニメーションスタンプも登録・販売できるようになりました。

アニメーションを作成するとなると難しそうに感じますが、実際、アニメーションスタンプは、複数の静止画をパラパラ漫画の要領で動いているように見せる方法で作成されています。そのため、徐々に動作を変える静止画を複数枚作成すれば、特定のソフトを利用してアニメーションスタンプに仕上げることは可能です。

ただし、LINEの規定などを踏まえて作成するには、少々コツがあることも事実です。そこで、本書では基本の画像の作成方法から、アニメーションの動きの時間配分など、LINEの審査に通るためのポイントを入れつつ、効率的にアニメーションスタンプを完成させるまでを紹介しています。

使用ソフトには、オープンソースで無料の「Inkscape」「9VAe」「APNG Assembler」を使用し、1つひとつの操作を見ながら進められる構成になっていますので、是非、ご自身の動くスタンプ作りに挑戦してみてください。

最後に、本書の執筆・制作にあたって、企画の段階から連日フォローしていただいたすべてのスタッフに心から感謝申し上げます。そして、読者の皆様にとって、本書がアニメーションスタンプを作成する上で少しでもお役にたてれば幸いです。

2018年1月
C&R研究所ライティングスタッフ
篠塚　充

CONTENTS

LINE ANIMATION STAMP

CHAPTER 1
アニメーションスタンプについて

CHAPTER 2
手書きの下絵をもとにスタンプを作成してみよう

CHAPTER 3
アニメーション作成ソフトを使ってスタンプを作成してみよう

CHAPTER 4
アニメーションスタンプを登録・販売してみよう

CHAPTER

アニメーション
スタンプについて

LINEクリエイターズスタンプ、アニメーションスタンプとは?

ここでは、LINEクリエイターズスタンプ、アニメーションスタンプについて説明します。

LINEクリエイターズスタンプ、アニメーションスタンプについて

LINEスタンプ(以下スタンプ)とは、スマートフォンアプリ「LINE」の「トーク」(ネット回線を利用した無料のメール・通話機能)の中で使用できる画像です。平成26年5月より、職業、年齢、プロ、アマチュア、個人、企業を問わず参加でき、自作のスタンプを無料で登録し販売できる「LINE Creators Market」が開始されました。ここで売られるスタンプをLINEクリエイターズスタンプと言います。さらに、平成28年には、動きのあるアニメーションスタンプも登録・販売できるようになりました。

◉アニメーションスタンプ

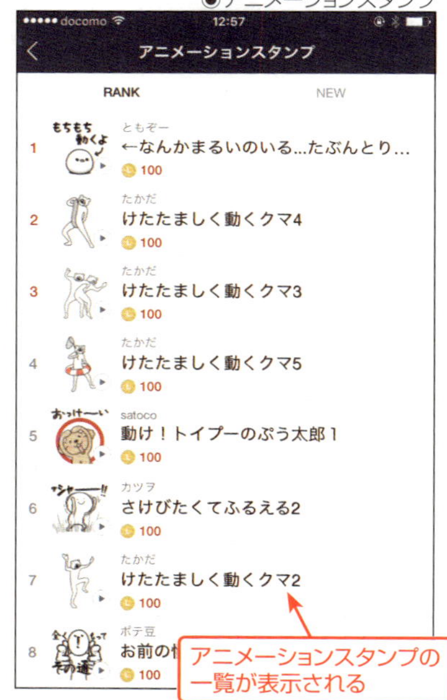

HINT

場合によっては、「アニメーションスタンプ」のカテゴリーがないことがあります。アニメーションスタンプには、メイン画像に ▶ が表示されています。

アニメーションスタンプ販売の概要

ユーザーが作成したアニメーションスタンプは、LINE Creators MarketからLINEへの登録・申請・審査承認の段階を踏んで、「LINEクリエイターズスタンプ　アニメーションスタンプ」として販売できるようになります。

スタンプは、1セット(8個、16個、24個)単位で次のような販売価格帯から自身で選択して販売でき、その売上の50%が分配されます(ただし、スマートフォンからの購入の場合には50%からさらにスマートフォンOSへの手数料が差し引かれる)。なお、現在販売可能な国は、LINE STOREでは中国本土以外の全世界、スマートフォンのLINEアプリ内のスタンプショップでは、LINEを利用できる世界230カ国となっています(平成30年1月現在)。

※売上は、1,000円以上になった場合に自己の口座に送金の申請を行うことが可能となります。

◉アニメーションスタンプの販売価格(平成30年1月現在)

LINE STORE	スタンプショップ(iOS)	スタンプショップ(Android)
240円	100LINEコイン	100LINEコイン
360円	150LINEコイン	150LINEコイン
480円	200LINEコイン	200LINEコイン
600円	250LINEコイン	250LINEコイン

※LINEコインは、LINE社が決めた換算価格になります(販売国や為替レートで異なる場合がある)。

アニメーションスタンプを販売するまでの流れ

自作のアニメーションスタンプを販売するためには、次のような流れで作業を行います。

1 「LINE Creators Market」にクリエイター登録する

「LINE Creators Market」は、クリエイターズスタンプを登録・管理するためのLINEのWebサイトです。このサイトから、クリエイターの情報や、作成したスタンプを登録・申請します。

※すでにクリエイター登録をしているユーザーの場合には、この操作は必要ありません。

- 「LINE Creators Market」サイト

  URL https://creator.line.me/ja/

クリエイター登録する場合には、ページ内の[登録はこちら]ボタンをクリックすると表示される画面から、LINEに登録しているメールアドレスとパスワードでログインし、クリエイター情報を入力します。

② アニメーションスタンプを作成する

LINEの規定に沿ってクリエイターズスタンプを作成します。スタンプは、アニメーションスタンプとして利用する8個、16個、24個と、スタンプの代表的なイメージとなるメイン画像、LINEのトーク時にスタンプを選択するためのトークルームタブ画像の各1個を足した個数を作成します。

③ アニメーションスタンプの申請

作成したスタンプを、「LINE Creators Market」のスタンプ管理画面に登録し、スタンプタイトル、スタンプ説明文、クリエイター名、コピーライトなどを入力して、LINEに申請します(CHAPTER 4を参照)。

④ アニメーションスタンプの審査

申請したアニメーションスタンプが、規定に合っているかLINE側で審査が行われます。

審査結果

OK 審査承認

アニメーションスタンプが審査に通ると販売手続きに進むことができます。

審査結果

NG 審査否認(リジェクト)

審査に通らなかった場合には(リジェクト)理由が記されるため、修正して再度申請を行います。ただし、内容によっては再度申請できない場合もあります。リジェクトされるNGスタンプは、23ページを参考にしてください。

⑤ アニメーションスタンプの販売開始

「LINE Creators Market」から販売開始(リリース)の操作を行うことができるようになります。この操作を行うことで、自作のアニメーションスタンプの販売が開始されます。

アニメーションスタンプの作り方について

ここでは、アニメーションスタンプの作成方法について説明します。

アニメーションスタンプ作成の概要

通常の動かないスタンプは、背景が透明なPNG(ピング)形式の画像データで作成されています。アニメーションスタンプは、このPNG形式の静止画像を、パラパラ漫画の要領で連続で表示させ動いているように見せる方法を使います。作成されたアニメーションファイルはAPNG(エーピング)と言います。

APNGの一般的な作成方法は、まず、動きを少しずつ変えたPNG形式の静止画を複数枚作成します。その後、専用のツールを利用して再生時間などを設定し、APNG形式のファイルとして書き出します。LINEのアニメーションスタンプでは、PNG形式の静止画を5枚～20枚使用してAPNGを作成する必要があります。なお、APNGに変換するツールは、インターネット上からダウンロード(無料)することが可能です。

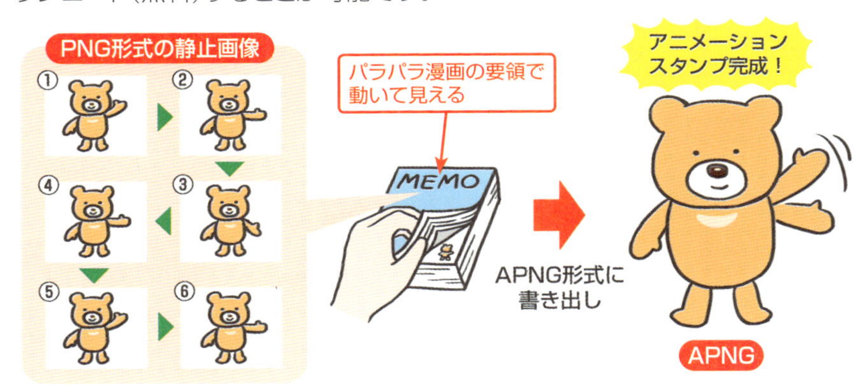

本書で紹介する作成方法

通常、パソコンでアニメーションを作成する場合には、アニメーション作成用のアプリケーションソフトを利用します。ただし、それらのほとんどは、機能は豊富ですが、高価であり、操作も慣れるまでに時間がかかってしまいます。そこで、本書では、無料のグラフィックソフトとアニメーション作成ソフトを使った次の2つの作成方法を紹介することにしました。なお、それぞれの操作方法の詳細は、CHAPTER 2、CHAPTER 3で説明しています。

パターン❶ ラフな下書きをもとにグラフィックソフトでPNG画像を作成する

1 下書きの作成

1 鉛筆でラフな下書きを描いてデジカメやスマートフォンで撮影する

パターン❶で準備するもの

- 手書きの下書き
- グラフィックソフト（InkscapeやAdobe Illustratorなど）
- APNG作成ツール（APNG Assemblerなど）
- アニメーション確認用ブラウザ（Firefox）

2 グラフィックソフトでの操作

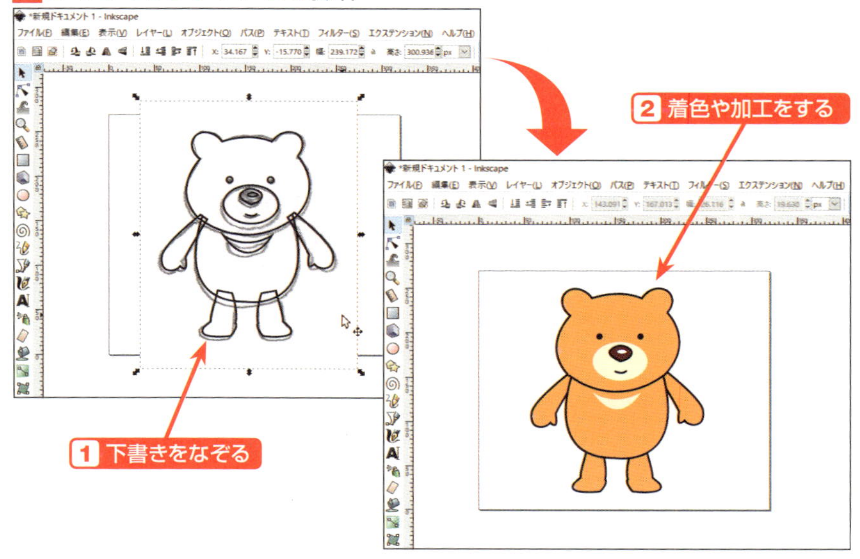

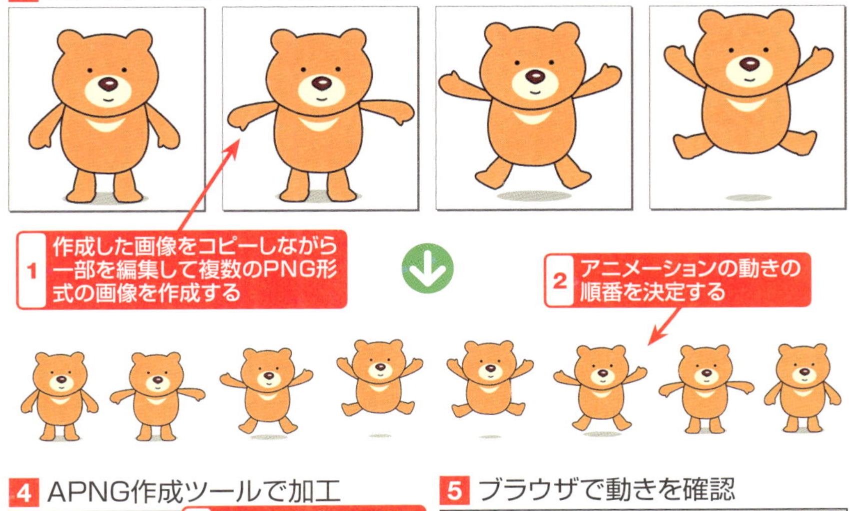

4 APNG作成ツールで加工

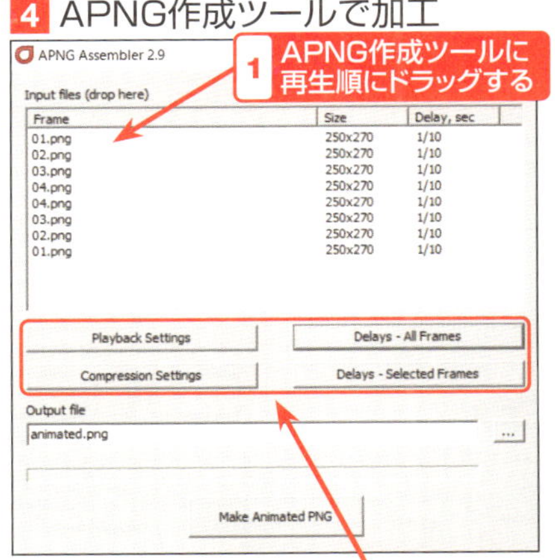

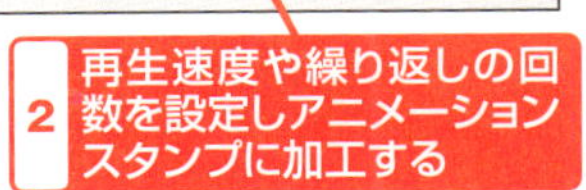

5 ブラウザで動きを確認

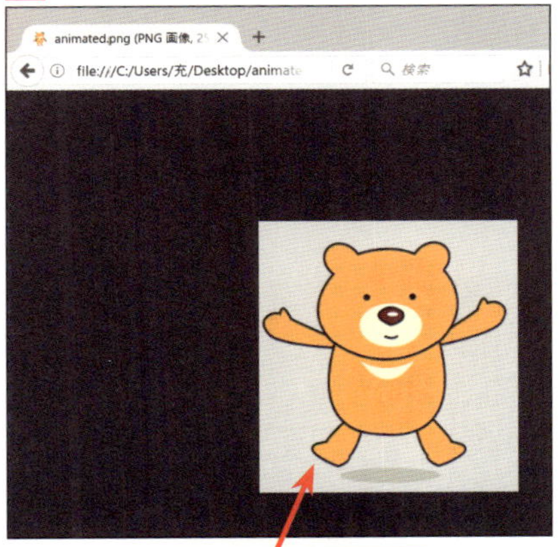

下書きをもとにグラフィックソフトで複数のPNG画像を作成する方法です。手書きでは描けないような正確な線分や図形に加工できるメリットがあります。イラスト内のパーツのコピーが簡単に行えるので、基本のイラストをもとに一部を加工する要領で、アニメーションのもととなる1コマ1コマの画像を効率的に仕上げることができます。また、レイヤー（透明なシートを重ねて表示する機能）を使うことで、アニメーションの動きの確認や並び替え、PNG画像への書き出しをスムーズに行うことができます（CHAPTER 2参照）。

パターン❷ 無料のアニメーション作成ソフトを使う

1 パソコンでの操作

パターン❷で準備するもの

- アニメーション作成ソフト（9VAe）
- APNG作成ツール（APNG Assemblerなど）
- アニメーション確認用ブラウザ（Firefox）

2 アニメーション作成ソフトでの操作

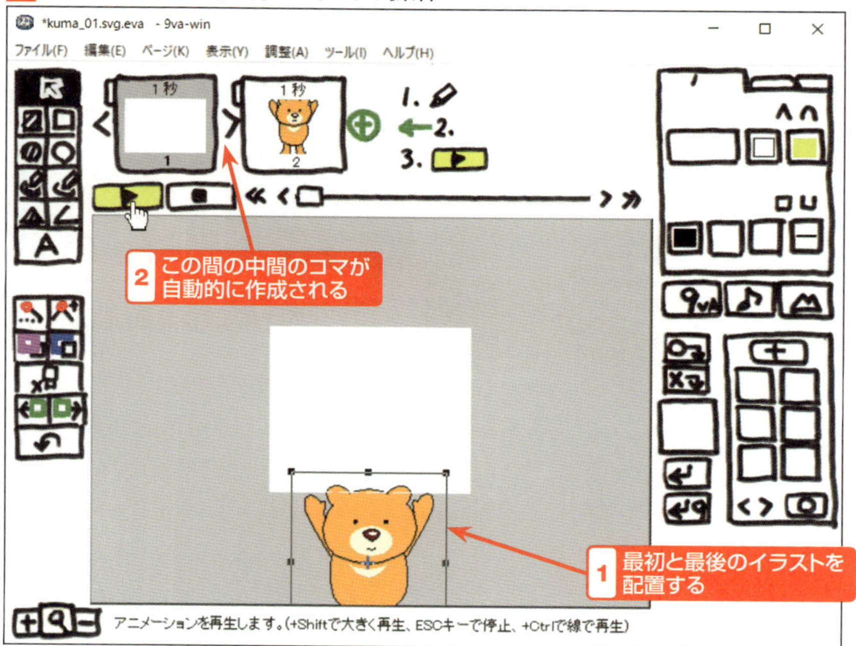

3 複数のPNG形式の画像を書き出し

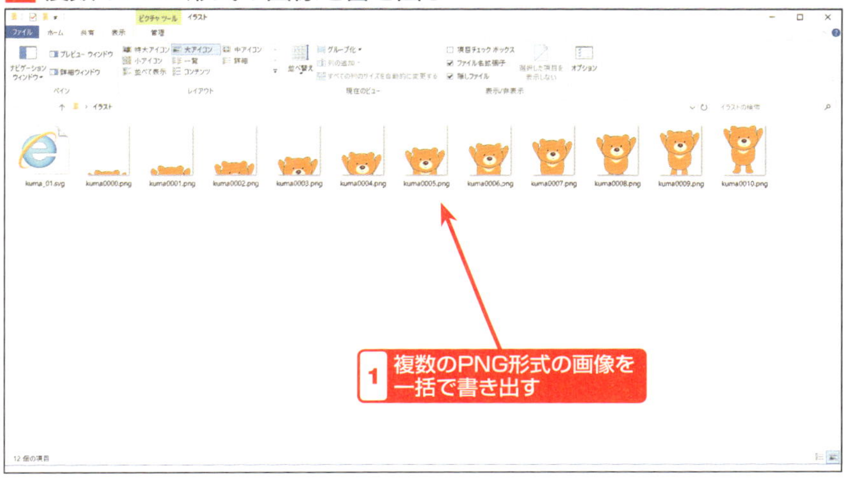

4 APNG作成ツールで加工

5 ブラウザで動きを確認

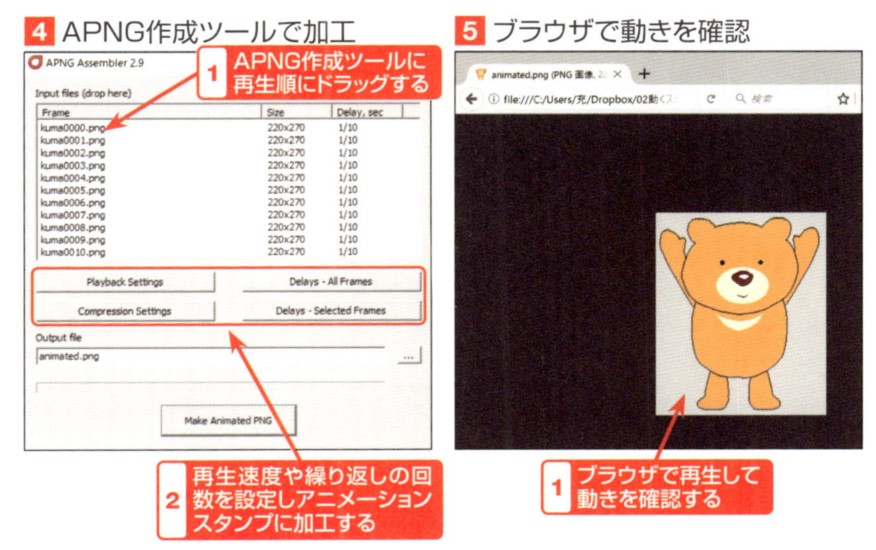

無料のアニメーション作成ソフトを利用する方法です。アニメーション作成ソフトは、一連の動きのはじめとおわりの静止画像を配置すると中間の変化するコマを自動作成できます。また、複数のPNG画像の書き出しも一括で実行できるなど、効率的にアニメーションを作成することができます。なお、パターン❶の方法で作成した静止画像を読み込んで、アニメーションを作成することが可能です（CHAPTER 3参照）。

ONEPOINT
グラフィックソフトについて

グラフィックソフトには大きく分けて、ベクター形式のドローソフト、ラスター形式のペイントソフトの2種類があり、それぞれ次のような特徴があります。

◆ドローソフト(ベクター形式のグラフィックソフト)

1つのポイントからそれにつなぐポイント間の線を自動的に計算して表示します。ポイントと線で作成した1つの図形をオブジェクトと呼び、複数のオブジェクトが組み合わされて1つのイラストとなります。また、画像を拡大しても滑らかさを保つ特徴があります。グラフィックデザイン、レイアウト、ロゴ作成、テクニカルイラストレーションの描画や図面作成などに利用されます。Adobe IllustratorやInkscape、CADソフトなどがこれに当たります。

◆ペイントソフト(ラスター形式のグラフィックソフト)

ドット絵のように、1つひとつの色の異なる小さな四角形の集合によって画像が構成されます。画像に細かい修正や加工を加えることが可能です。解像度が高いほど、画質の高い画像を表現することができます。写真加工、写真のようなリアルなイラスト、手描き風のイラスト作成に利用されます。Adobe PhotoshopやGIMPなどがこれに当たります。

ONEPOINT
本書で利用するグラフィックソフト・ツールについて

本書では、10〜13ページで紹介したアニメーションの作成パターンに対し、次のグラフィックソフトやアプリケーションを使用して、アニメーションスタンプを作成することとします。

※すべてWindows、Mac OS対応となります。

◆Inkscape (無料)

オープンソース(ソフトウェアの内容を公開し、誰もが改良、再配布に参加できる仕組みをとっている)で開発されているベクター形式のグラフィック編集ソフトです。

URL http://www.inkscape.org/ja/

◆APNG Assembler（無料）

PNG形式、TGA形式の画像データからAPNGアニメーションを作成できるアプリケーションソフトです。

URL http://apngasm.sourceforge.net/

◆9VAe（きゅうべえ）（無料）

描いた線に沿って動かしたり、徐々に変化させるなど、さまざまなアニメーションの機能が備わった、アニメーション作成ソフトです。

URL http://qiita.com/danjiro/items/253e5a33a38599098274

◆Firefox（無料）

Mozilla Corporationによって開発されているオープンソースのウェブブラウザです。LINEでは、アニメーションスタンプの動作確認には、Firefoxを推奨しています。

URL https://www.mozilla.org/ja/firefox/

ONEPOINT

アニメーションの動きを描画するヒント

アニメーションスタンプのもととなる静止画は、複数の動作を描かなければならないので、一部のポーズを想像しにくいことがあります。たとえば、おじぎをする動作をアニメーションにするには、正面から徐々に頭を下げて、また顔を上げるまでを描画します。

このとき、頭を下げる動作がどう見えるかを描くには、よほど書き慣れていないと難しいものです。そのような場合には、手近にあるぬいぐるみなどで、立体的にどう見えるかポーズを作ってみるとよいでしょう。また、インターネット上で「おじぎ　イラスト」のように検索すると表示される画像を見て、参考にしてもよいでしょう。

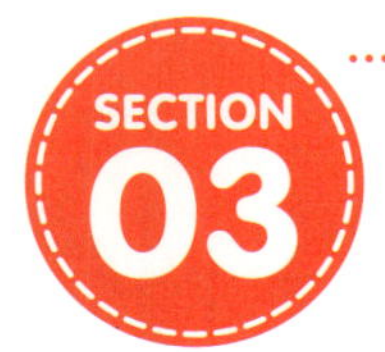

アニメーションスタンプ作成の前に知っておくこと

ここでは、アニメーションスタンプ作成に使用する用語や、LINEのガイドラインについて説明します。

アニメーションスタンプに必要なもの

アニメーションスタンプを登録して販売するには、次のような画像と文字情報を用意する必要があります。

◉アニメーションスタンプに必要な画像

画像の種類	必要数	画像サイズ(pixel)	ファイル形式
メイン画像	1個	W240 × H240	.png(APNGアニメーション) 背景透過
アニメーション スタンプ画像	(選択式) 8個/16個/24個	W320 × H270 (最大)	.png(APNGアニメーション) 背景透過
トークルーム タブ画像	1個	W96 × H74	.png背景透過

※カラーモードはRGBで制作します。
※画像は1個300KB以下で制作します。すべての画像を1つのZIPファイル形式でアップロードする場合には、ZIPファイルは20MB以下に収める必要があります。
※APNGの動作確認はFirefoxを推奨します。

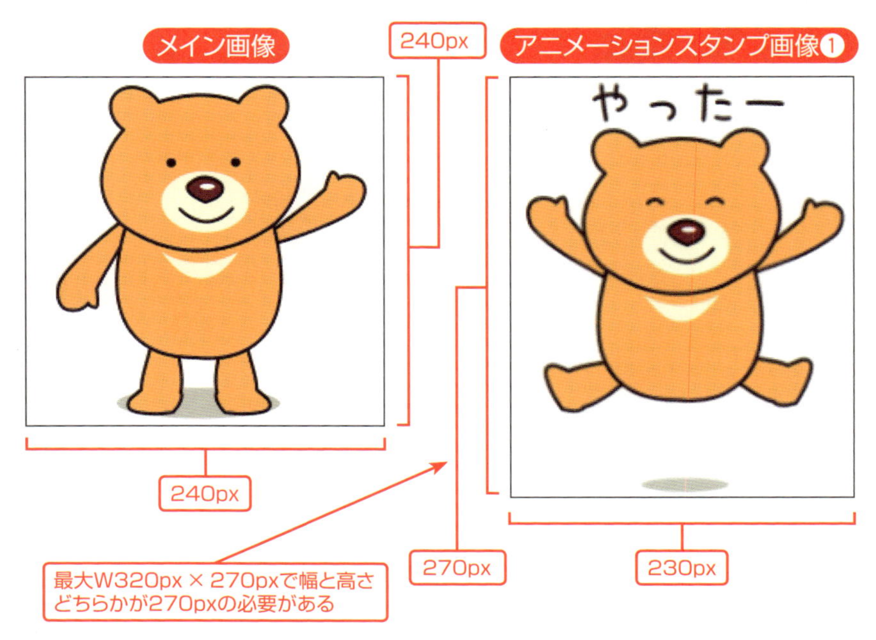

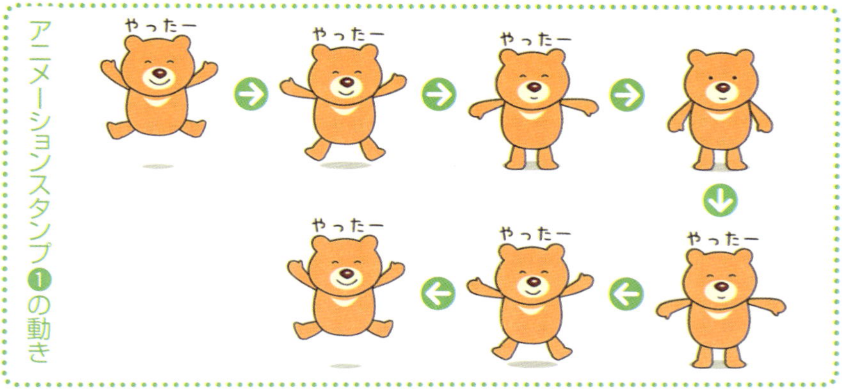

アニメーションスタンプ❶の動き

やったー

アニメーションスタンプ画像❷

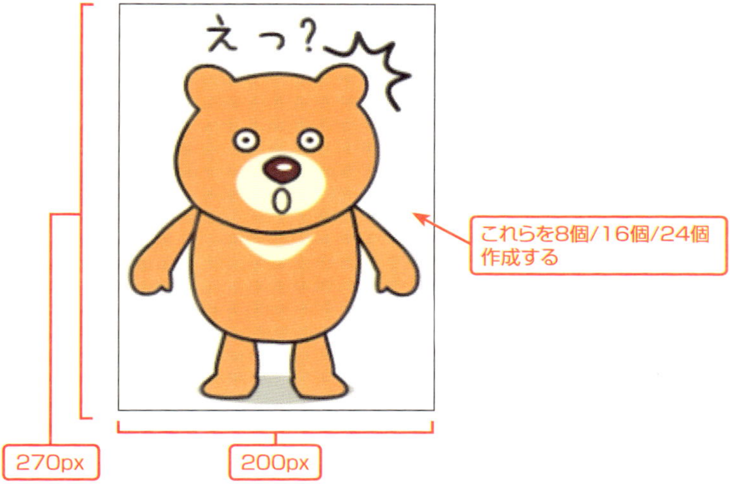

えっ？

これらを8個/16個/24個
作成する

270px

200px

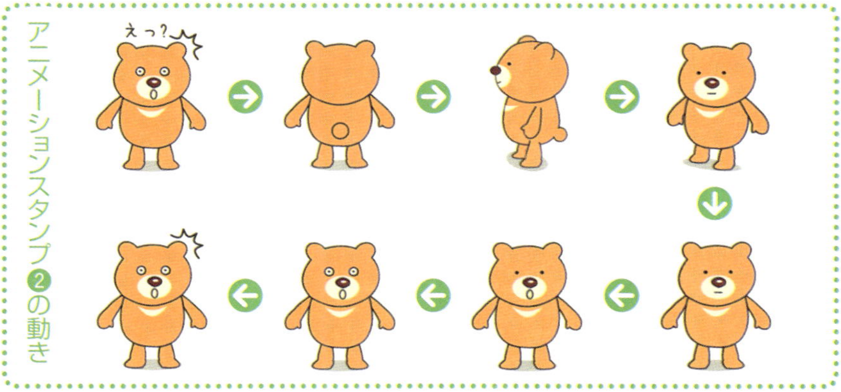

アニメーションスタンプ❷の動き

えっ？

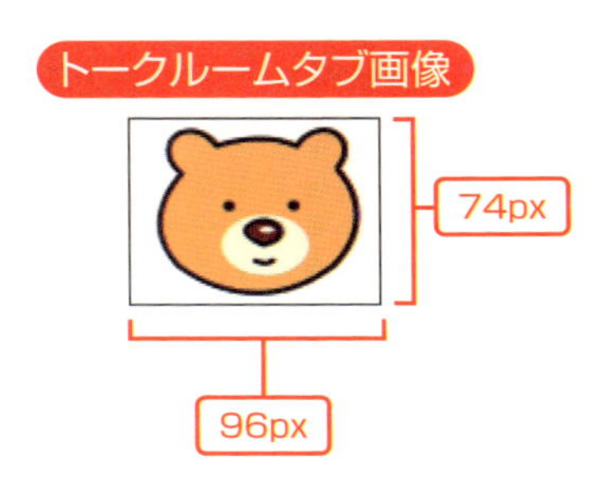

◉アニメーションスタンプ登録に必要なテキスト(英語も必要)

クリエイター名	スタンプタイトル	スタンプ説明文	コピーライト
50文字以内	40文字以内	160文字以内	50文字以内(英数字のみ)

※全角文字の場合は2文字としてカウントされます。絵文字や機種依存文字には対応していません。なお、コピーライトのみ特殊文字「©」「®」「TM」が使用できます。

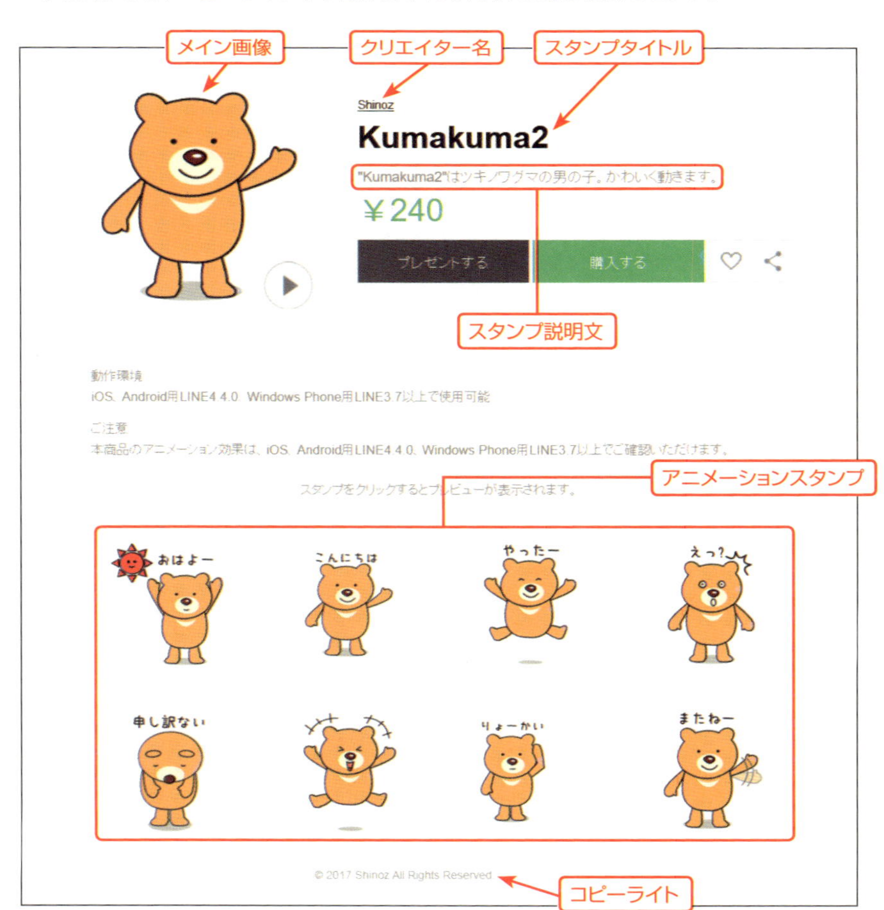

アニメーションスタンプの作成に使用する用語とLINEの基準

LINEのアニメーションスタンプの作成には専用の用語が使われます。また、次のような基準が設けられているので、事前に理解しておく必要があります。

フレーム

フレームとは、アニメーションを構成する静止画1枚分、または、静止画を描画する範囲のことを言います。アニメーションスタンプでは、次のようなフレームに関する決まりがあります。

◆ アニメーションスタンプに必要なフレーム数

アニメーションスタンプは、5～20フレームで作成します。アニメーション内に同じ内容のフレームを入れることも可能です。

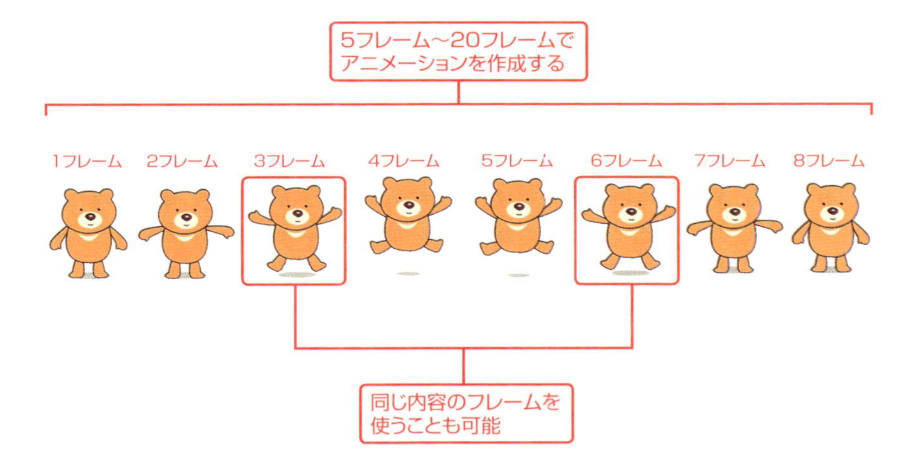

アニメーションスタンプのフレームサイズ

アニメーションスタンプのフレームサイズの最大値は、幅320px、高さ270px以内で、幅か高さのどちらかが270px以上（高さは270pxまで）である必要があります。また、1つのアニメーションを構成するすべてのフレームは、同サイズに設定し、余分な余白は付けないようにする必要があります。

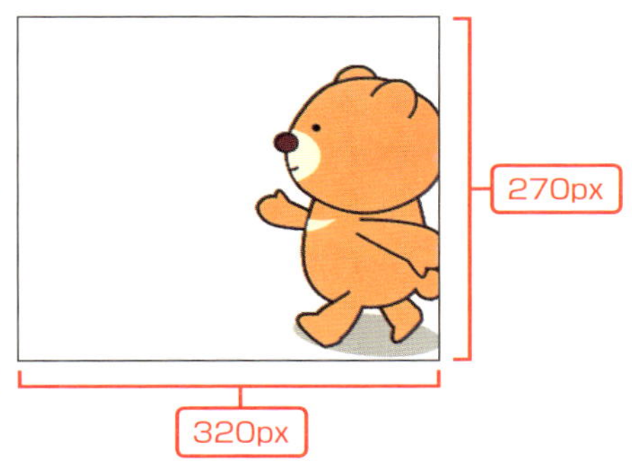

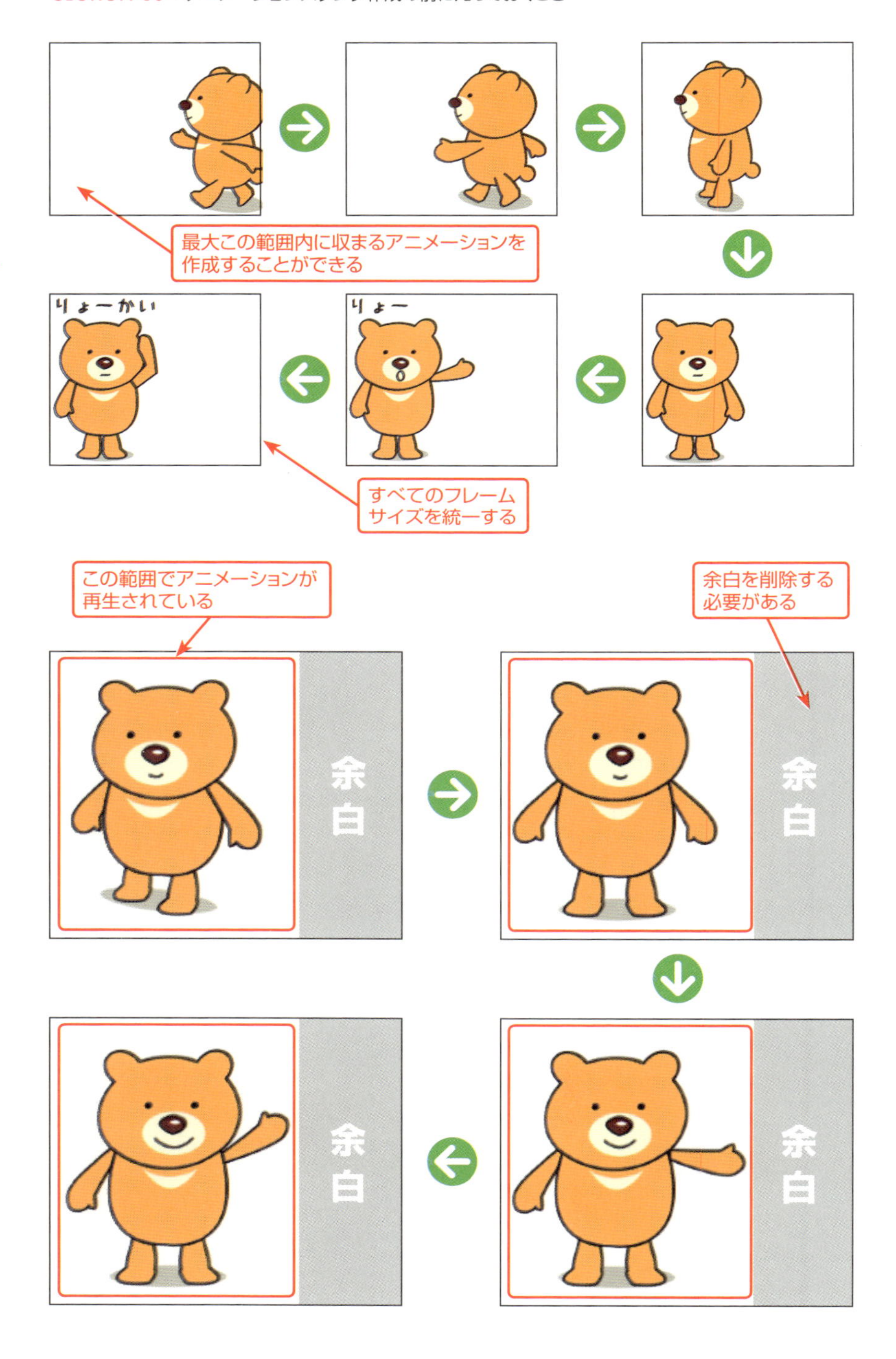
最大この範囲内に収まるアニメーションを作成することができる
りょーかい
りょー
すべてのフレームサイズを統一する
この範囲でアニメーションが再生されている
余白を削除する必要がある
余白
余白
余白
余白

1フレーム目はスタンプの趣旨がわかる画像を表示する

アニメーションスタンプは、LINEのトーク画面を開いた直後や、トーク画面でスタンプをタップしたタイミングで動き、静止しているときには1フレーム目のイラストが表示されます。また、アニメーションスタンプを販売する際に、スタンプの選択画面には1フレーム目だけが表示されます。そのため、1フレーム目のイラストには、そのスタンプで伝えたい感情がわかるイラストを配置する必要があります。

たとえば、ストーリー仕立てのアニメーションで、最終フレームに伝えたい感情が表現される場合には、最終フレームのイラストを1フレーム目に配置することで内容がわかりやすくなります。なお、徐々に移動してくる、徐々に表れるアニメーションの場合には、最初のフレームに何も描かれていないフレームを配置するとリジェクトの対象になってしまうので注意が必要です。

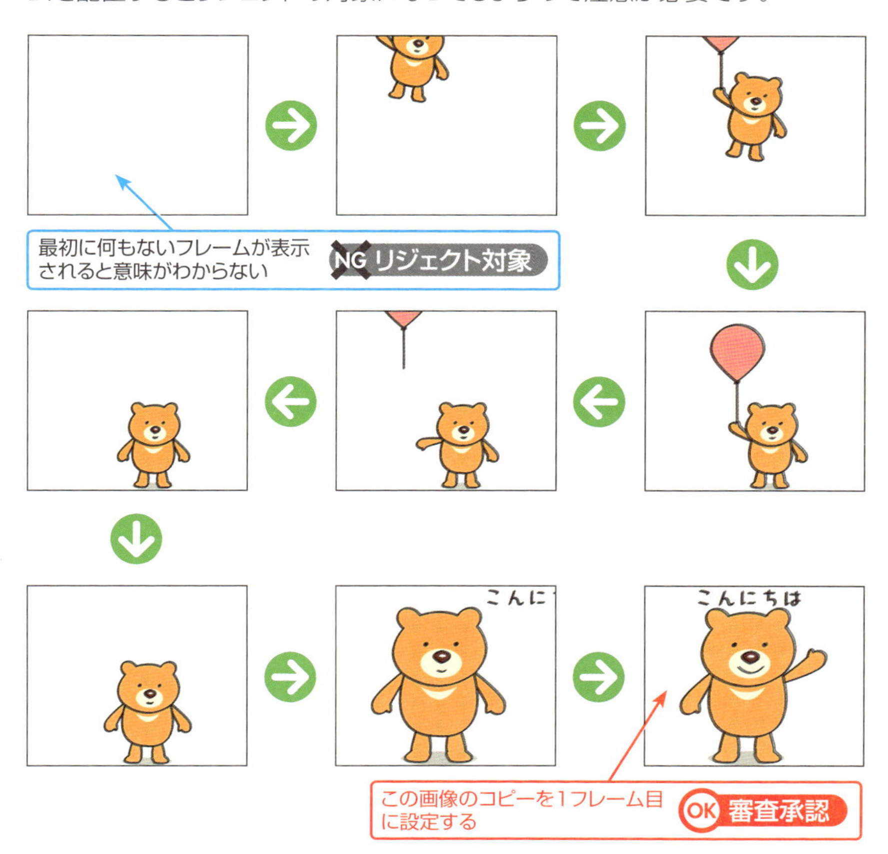

◆再生時間

アニメーション(最初のフレームから最後のフレームまで)が再生される時間(秒数)です。アニメーション作成ソフトや、APNG作成アプリケーションでは、「FPS(frames per second)」や「Delays」という項目で、1秒間に表示するフレームの枚数を設定します。LINEの規定では、アニメーションスタンプは1秒、2秒、3秒、4秒のいずれかの再生時間に収める必要があります(1.5秒など端数は不可)。

◆ループ(loop、loops)

ループとは、一連の動作を繰り返し行うことを言います。たとえば、作成したアニメーションを2回繰り返すときは2ループと設定します。LINEの規定では、4秒の再生時間内の範囲で、4回までのループを設定できるので、1秒間のアニメーションを4回まで繰り返すことが可能です。なお、ループを利用する際には、総フレーム数が20以上になっても問題はありません。

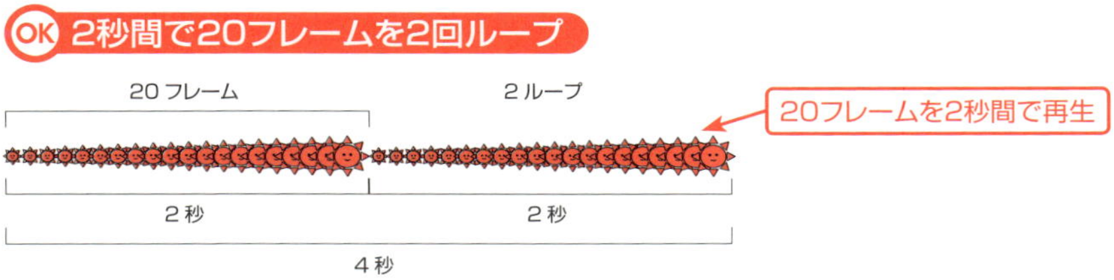

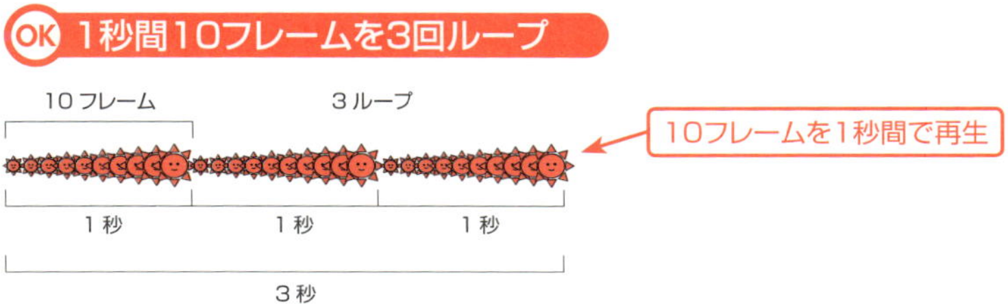

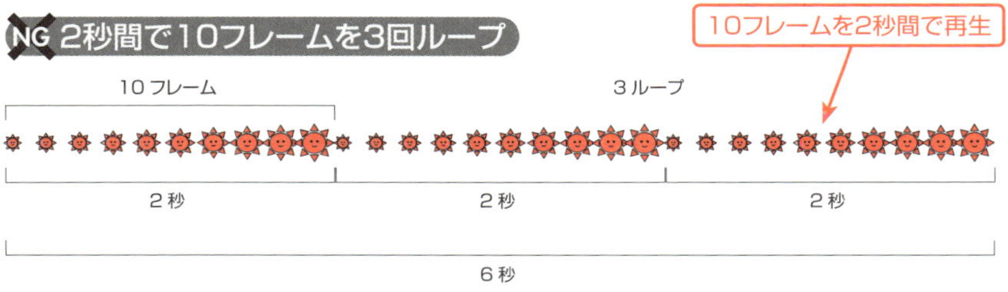

◆ シーケンス（シークエンス）

連続する一連の流れ、順序などの意味を持つ単語です。グラフィックソフトでは、「シーケンスで書き出し」などの機能を使うと、自動的に連番のファイル名を付けて書き出すことができます。

画像の容量オーバーに注意する

LINEでは、アニメーションスタンプ（APNG）の容量サイズは、1個につき300KB以下で作成する基準があります。そのため、静止画を作成する場合に、グラデーションなど加工を多く施したイラストを利用したり、複数のアニメーション効果が盛り込まれているAPNGなどは、容量オーバーになる可能性があるため注意が必要です。

なお、ファイルサイズを確認する方法と、ファイルサイズを圧縮して小さくする方法は、172～173ページを参考にしてください。

アニメーションスタンプの審査のガイドライン

アニメーションスタンプには、16ページの「制作ガイドライン」の他に、モラルや法律などに基づいて内容を制限するための「審査ガイドライン」があります。このガイドラインに列挙されている項目（推奨するスタンプ以外）に当てはまる内容の場合には、審査には承認されずリジェクト（否認）され、修正しなければ販売することはできません。あらかじめ、内容を確認・理解した上で、スタンプの作成に取り掛かりましょう。

おもな審査ガイドラインの内容は、次のようになります。なお、審査ガイドラインは内容が変更・追加される可能性もありますので、詳細については、「LINE Creator Market」を参照してください。

◆ LINEスタンプのガイドライン

- 「LINE Creators Market」のスタンプ審査ガイドライン

  URL https://creator.line.me/ja/review_guideline/

◆ 推奨するスタンプ

- 日常会話、コミュニケーションで使いやすいもの
- 表情、メッセージ、イラストがわかりやすくシンプルなもの

◆ NGなスタンプ

- 日常会話で使用しにくいもの
- 視認性が悪いもの（極端に横長など）

- スタンプ全体のバランスを著しく欠いているもの（淡色ばかりのもの、単なる数字の羅列など）

◆モラルに関して下記の内容はリジェクトの対象になる

- 犯罪を助長、または奨励するもの
- 暴力や子どもの虐待を描くもの
- 性的な表現のもの、肌の露出が多いもの
- アルコールの過剰摂取や飲酒運転、違法薬物、または未成年者がアルコールやタバコの煙を消費するように奨励を促すもの
- 違法な武器など現実的な描写、使用を奨励する恐れがあるもの
- フィッシングやスパム目的のためのもの
- 人や動物の殺傷、撃たれる、刺される、拷問等のイメージを描いたもの
- 特定の個人や国、グループを誹謗、中傷、攻撃する可能性のあるもの
- 他者、もしくは自己の個人情報を開示する、または開示する恐れのあるもの
- 過度に不快、または粗野なもの
- 宗教、文化、民族性、国民性について、攻撃する可能性のあるもの
- ユーザーが混乱、嫌悪するように設計されているもの
- 賭博を助長するもの、賭博に類するもの
- ユーザーのパスワードやプライベートなデータ等の取得を目的としたもの
- 青少年の健全な育成を妨げる恐れのあるもの（パチンコ、競馬など）
- 自殺、自傷行為、薬物乱用を誘引または助長するもの
- その他反社会的な内容を含み他人に不快感を与えるもの

◆ビジネス・広告・その他に関して下記の内容はリジェクトの対象になる

- スタンプを購入するために個人情報/IDを提供する必要があるもの
- 個人的な利用の範囲を超えて、第三者へ無償・有償で提供する目的であるもの（企業キャンペーンなどにより、来店者へスタンプをプレゼントするなど）
- メッセンジャーアプリケーション、またはそれに類するサービスの名前に言及しているもの、またはそれに関するキャラクターのもの
- アプリケーション・サービスなど企業の宣伝を目的としたもの
- チャリティーや寄付を募るもの

◆権利・法律に関して下記の内容はリジェクトの対象になる

- 提供される地域の法律を守らないもの
- 当社（LINE）または第三者の商標、著作権、特許権、または画像に使用されているサードパーティの条件に違反しているもの
- 権利の所在が明確でないもの（二次創作など）
- 肖像権があるもの（人物の顔、似顔絵など）
- 権利者からの許諾が証明できないもの

CHAPTER

手書きの下絵をもとに スタンプを 作成してみよう

SECTION
04

下書きの用意とパソコンへの読み込みについて

ここでは、スタンプ作成の下書きを作成し、パソコンで使用できるようにファイルとして保存する方法を説明します。

下書きのイラストの用意

アニメーションのもとになる下書きを用意します。アニメーションの個々の動きは、グラフィックソフト上で加工して作成するので、正面や横向きなど、基本のデザインのみを描画しておきます。なお、用紙は通常のコピー用紙を使用しています。

◉用意した下書き

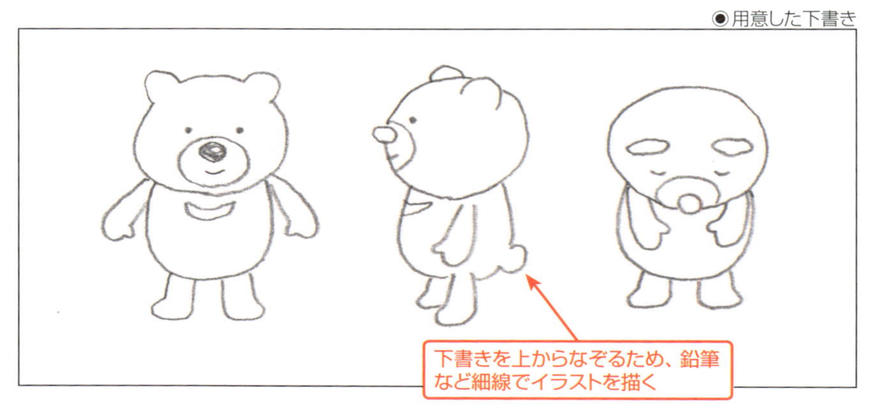
下書きを上からなぞるため、鉛筆など細線でイラストを描く

下書きをファイルに変換する

作成したイラストは、次の方法でファイル(JPEG形式)に変換します。

◆スキャナで読み込む

描いたイラストをスキャナで読み取ります。読み込みは「カラー」で「300dpi」程度に設定すると、パソコンで編集しやすい画質やサイズになります。なお、ファイルの保存先は、スキャナがパソコンに接続されている場合には直接パソコンに保存します。そうでない場合には、SDカードなどのメディアに保存してからパソコンに保存します。

◉スキャナでイラストを読み込む

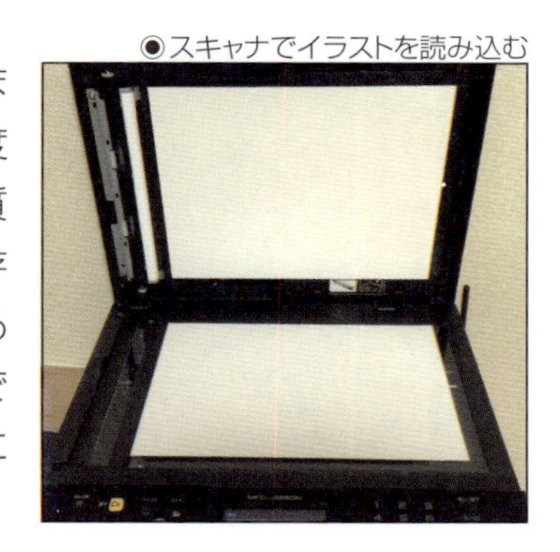

◆デジカメ、スマートフォンで写真に撮る

描いたイラストを、デジカメ、スマートフォン搭載のカメラで撮影し、写真をパソコンに保存します。スマートフォンでパソコンに保存することが難しい場合には、電子メールに添付してパソコンのメールアドレス宛てに送信してもよいでしょう。

◉スマートフォンでイラストを撮影する

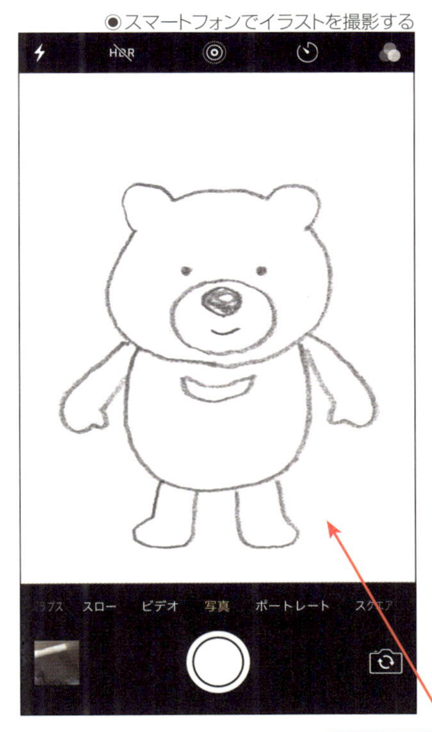

デジカメやスマートフォンで撮影して、画像をパソコンに保存する

ONEPOINT
コンビニにもスキャナがある

自宅にスキャナがない、スマートフォンやデジカメで何枚も撮影するのは面倒な場合には、コンビニの複合機のスキャナ機能を利用して下絵を読み込むことが可能です。セブンイレブン、ローソン、ファミリーマートなどでは、A3サイズまで1枚30円で、データはUSBメモリに保存できます(平成30年1月現在)。

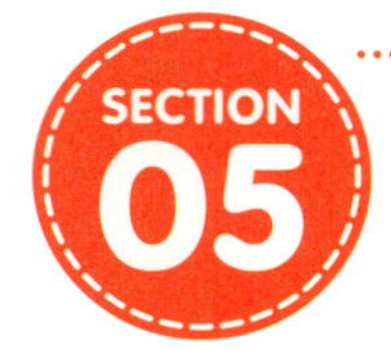

Inkscapeで下書きをもとにイラストを作成しよう

ここでは、Inkscapeで下書きをもとに、イラストを作成する方法を紹介します。

※ここでは、WindowsPCで操作を行うこととします。

ドキュメントの設定と下絵の読み込み

Inkscapeの編集画面をアニメーションスタンプのフレームサイズに設定し、26ページでファイルとして保存した下書きのイラストを配置します。

1 ドキュメントの設定

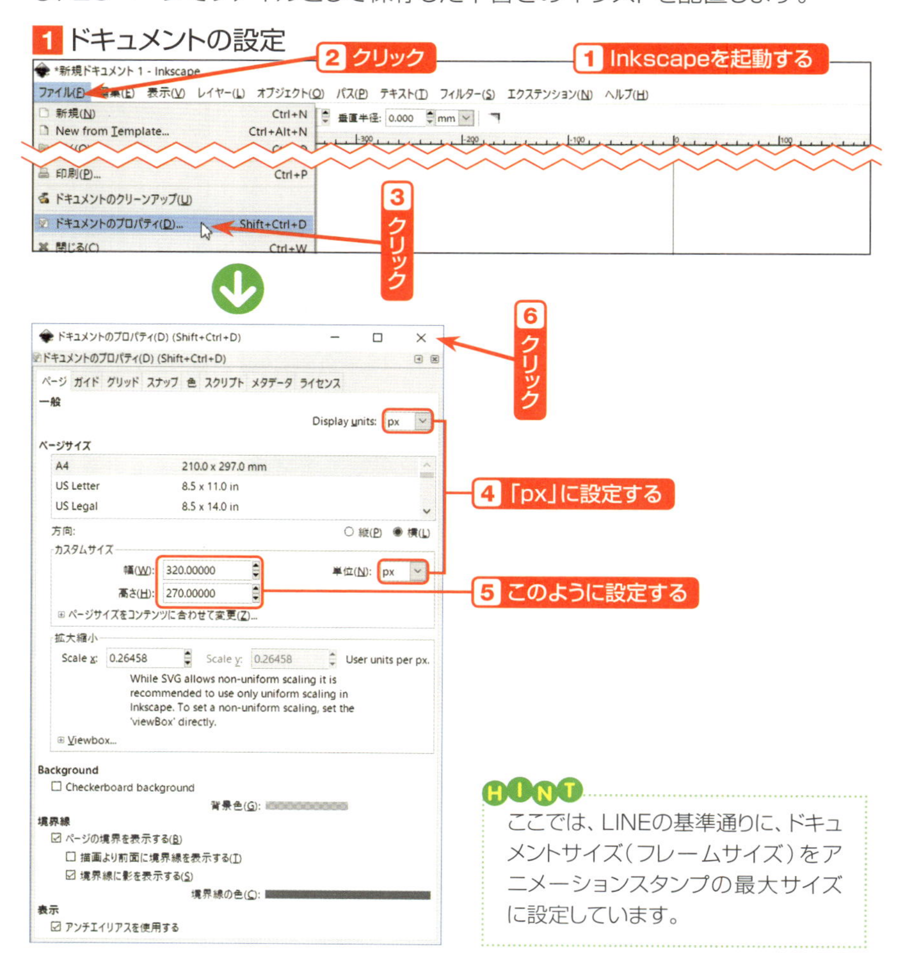

HINT

ここでは、LINEの基準通りに、ドキュメントサイズ(フレームサイズ)をアニメーションスタンプの最大サイズに設定しています。

2 ファイルの読み込み

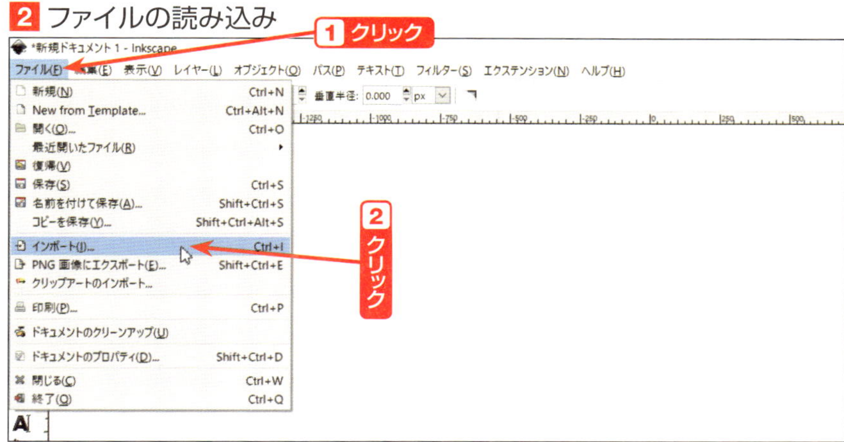
1 クリック
*新規ドキュメント 1 - Inkscape
ファイル(F) 編集(E) 表示(V) レイヤー(L) オブジェクト(O) パス(P) テキスト(T) フィルター(S) エクステンション(N) ヘルプ(H)
新規(N) Ctrl+N
New from Template... Ctrl+Alt+N
開く(O)... Ctrl+O
最近開いたファイル(R)
復帰(V)
保存(S) Ctrl+S
名前を付けて保存(A)... Shift+Ctrl+S
コピーを保存(Y)... Shift+Ctrl+Alt+S
インポート(I)... Ctrl+I
PNG 画像にエクスポート(E)... Shift+Ctrl+E
クリップアートのインポート...
印刷(P)... Ctrl+P
ドキュメントのクリーンアップ(U)
ドキュメントのプロパティ(D)... Shift+Ctrl+D
閉じる(C) Ctrl+W
終了(Q) Ctrl+Q
2 クリック

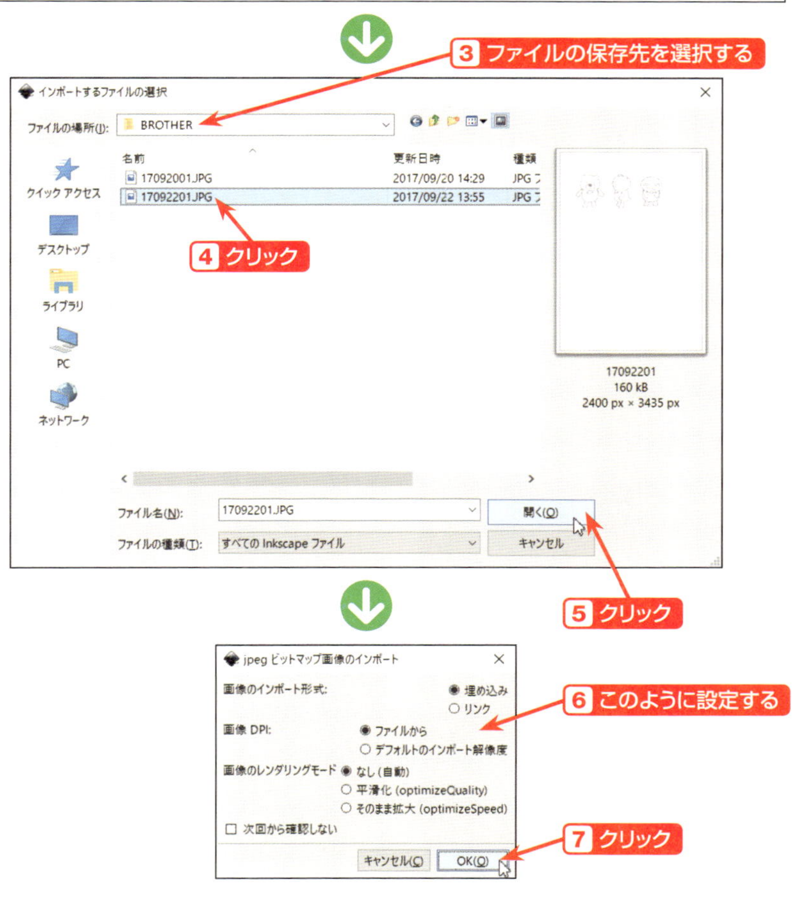
3 ファイルの保存先を選択する
インポートするファイルの選択
ファイルの場所(I): BROTHER
名前
更新日時
種類
17092001.JPG 2017/09/20 14:29 JPG
17092201.JPG 2017/09/22 13:55 JPG
クイック アクセス
デスクトップ
ライブラリ
PC
ネットワーク
4 クリック
17092201
160 kB
2400 px × 3435 px
ファイル名(N): 17092201.JPG
ファイルの種類(T): すべての Inkscape ファイル
開く(O)
キャンセル
5 クリック
jpeg ビットマップ画像のインポート
画像のインポート形式: 埋め込み リンク
画像 DPI: ファイルから デフォルトのインポート解像度
画像のレンダリングモード なし(自動) 平滑化 (optimizeQuality) そのまま拡大 (optimizeSpeed)
次回から確認しない
キャンセル(C) OK(O)
6 このように設定する
7 クリック

3 矩形ツールの選択と設定

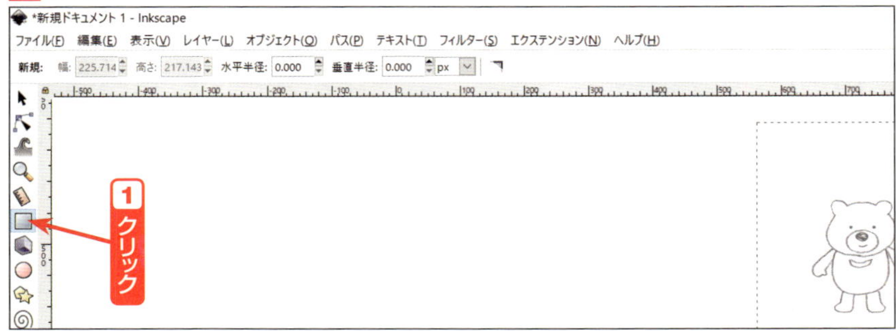

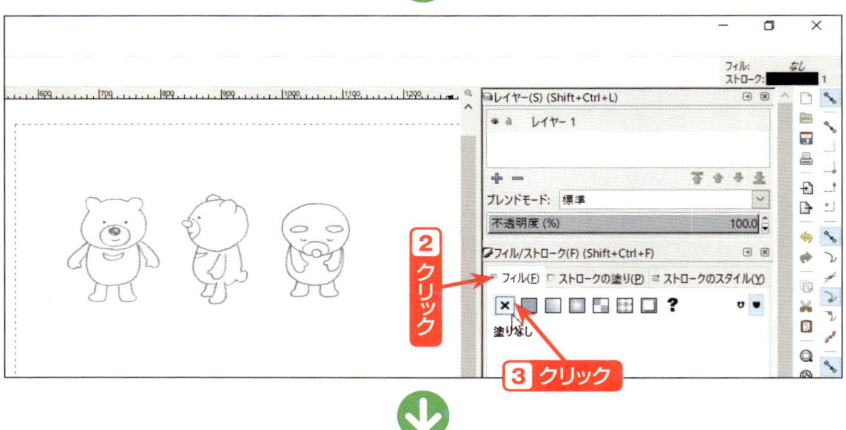

HINT

ここでは、矩形ツールで囲う色と線の塗りを「なし」に設定しています。

4 画像の選択と移動

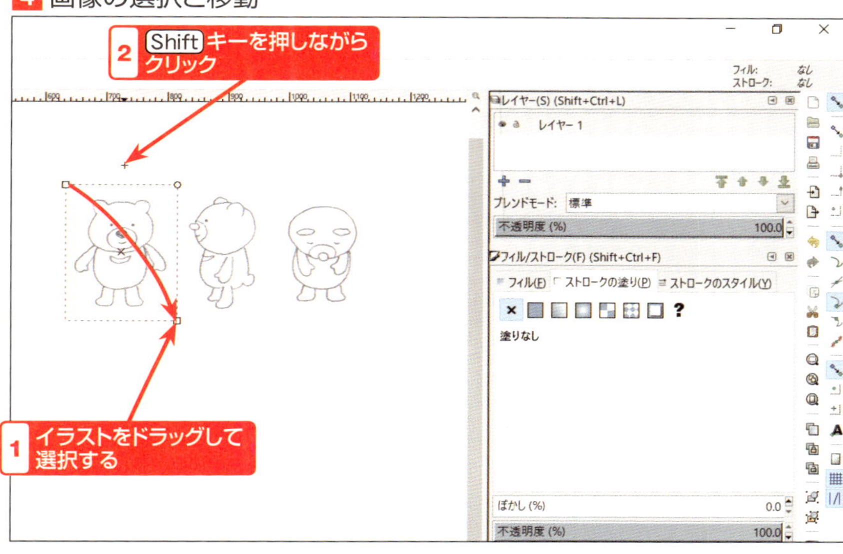

5 クリップの実行

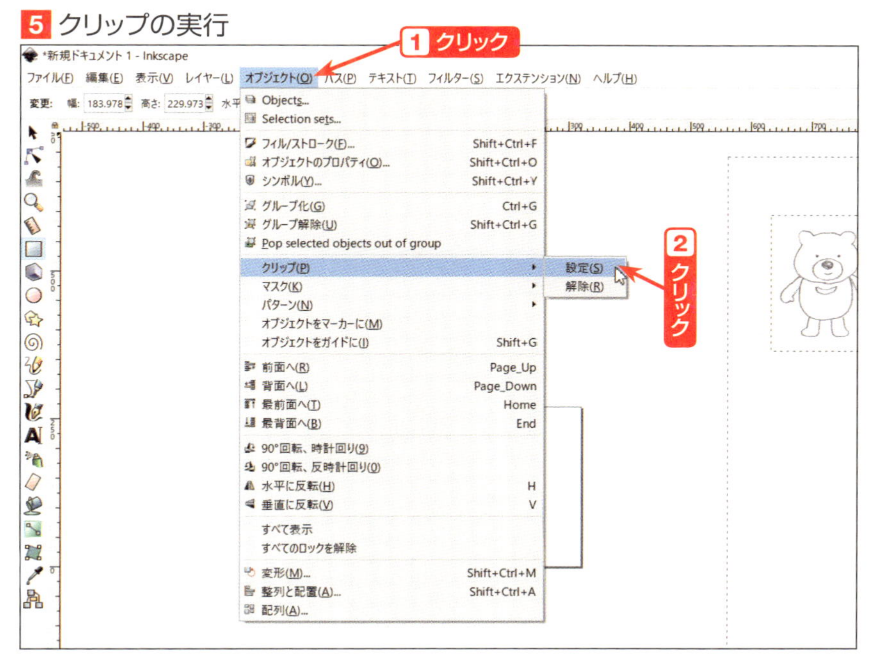

HINT

「クリップ」とは、オブジェクトの一部だけを表示する機能です。

6 画像の配置

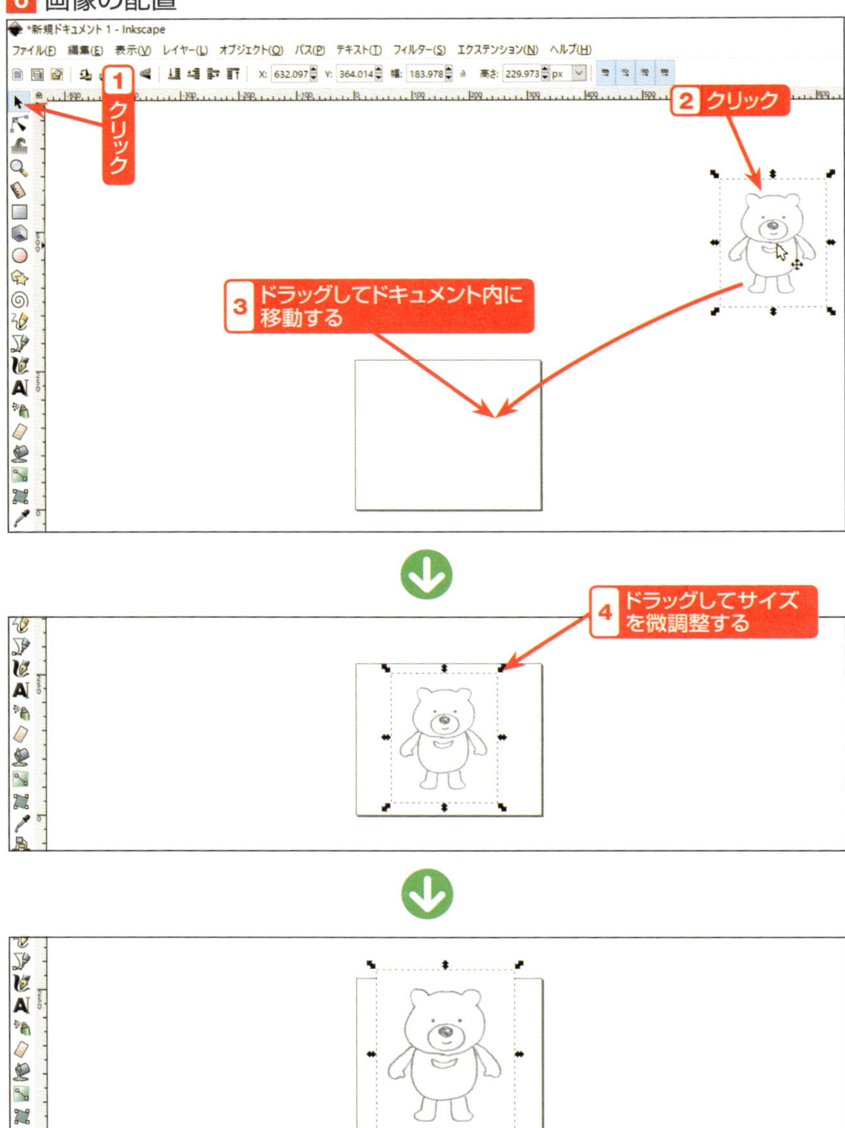

HINT

下書きのイラストのサイズを微調整してドキュメントに収めます。配置した下書きはあとから削除するので、余白がはみ出していてもかまいません。

7 配置した画像の固定

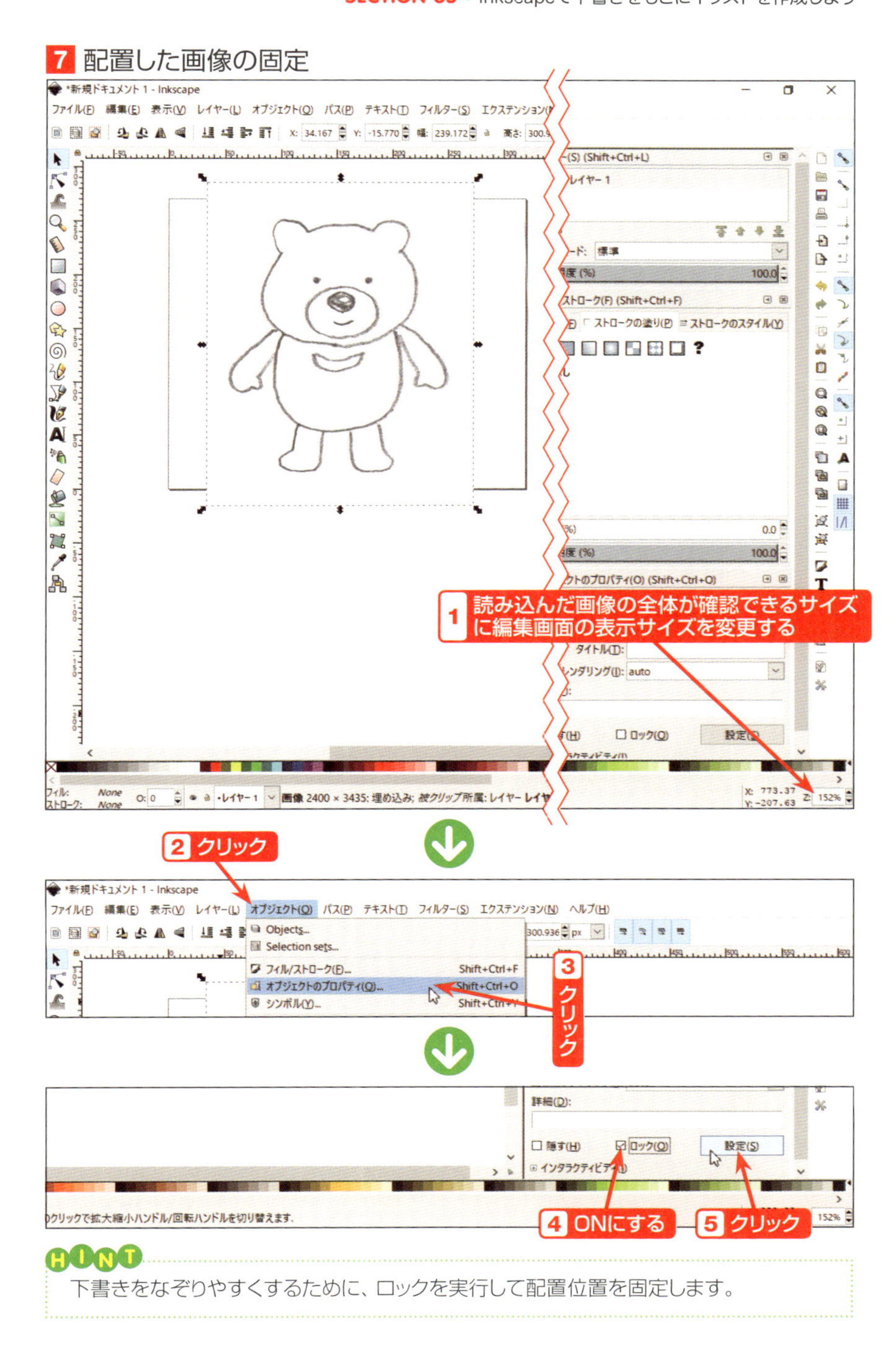

HINT

下書きをなぞりやすくするために、ロックを実行して配置位置を固定します。

下書きをもとにイラストの線分を作成する

配置した下書きをなぞり、イラストを線（パス）で描画します。なお、これから仕上げるイラストは、手や足を編集・加工できるように、それぞれパーツとして作成することとします。

1 円/弧ツールの選択と設定

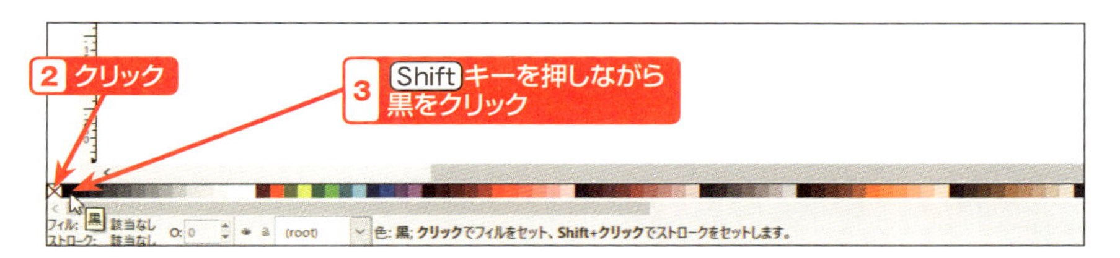

HINT
シェイプツール(図形を描画するツール)を選択し、画面下のカラーバーをクリックすると、フィル(図形の内部)の色を選択でき、Shiftキーを押しながらクリックすると、ストローク(図形の線)の色を選択することができます。ここでは、フィルは「なし」ストロークは「黒」を選択しています。

2 顔の輪郭の描画

3 線の太さの設定

4 サイズの微調整

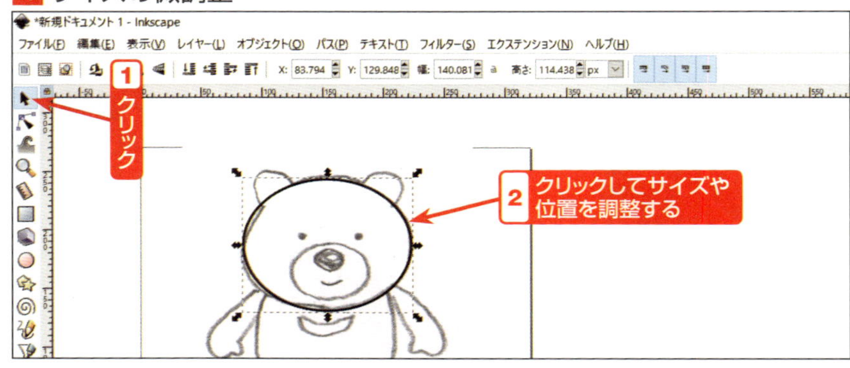

5 耳の描画

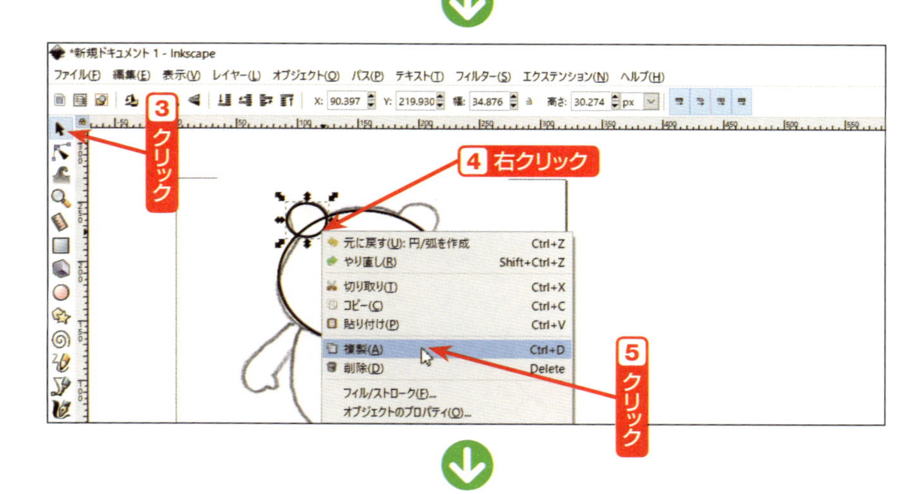

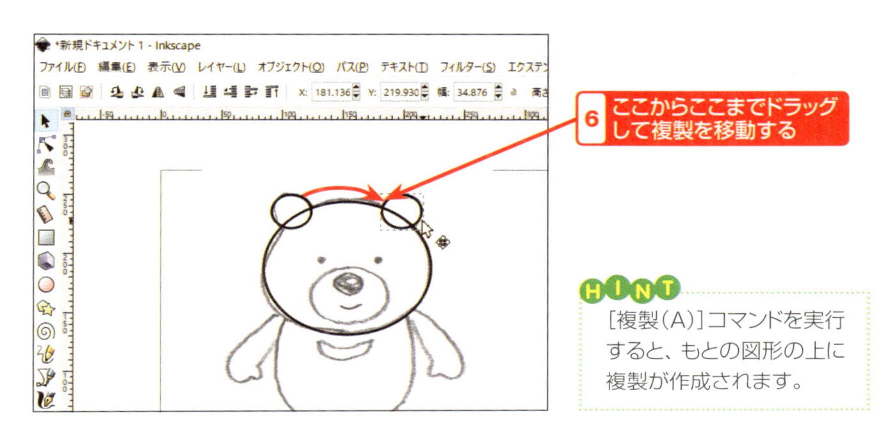

HINT
[複製(A)]コマンドを実行すると、もとの図形の上に複製が作成されます。

6 円の選択

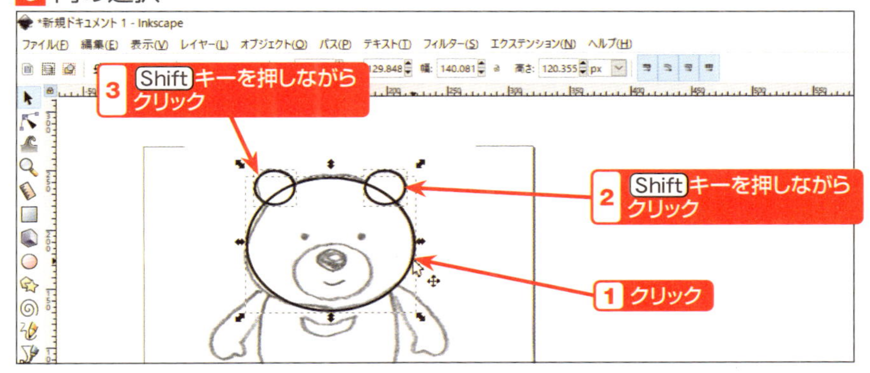

7 [統合(U)]コマンドの実行

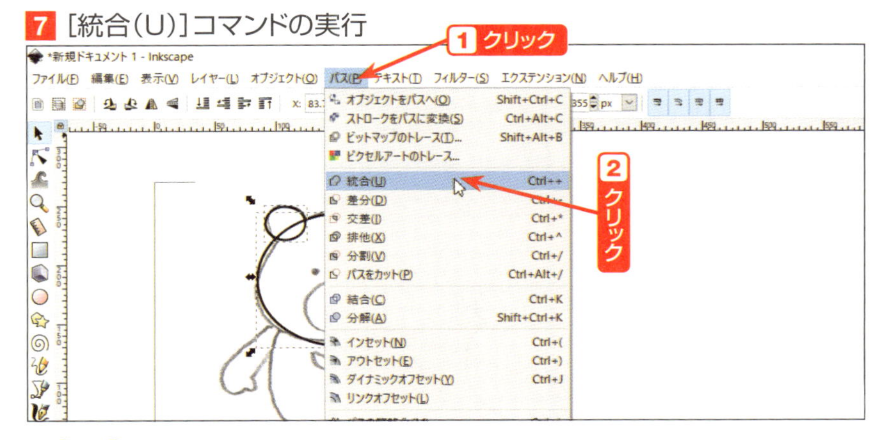

HINT
複数のパスを選択して[統合(U)]コマンドを実行すると、パスを合成することができます。

8 「ペンツール」の設定

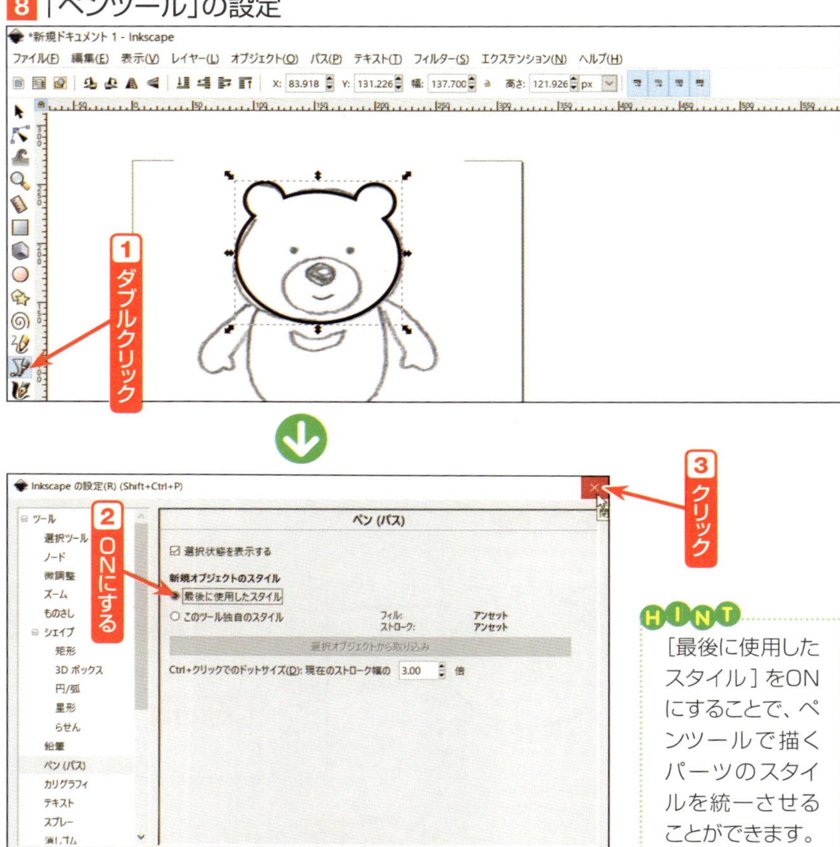

HINT
[最後に使用したスタイル]をONにすることで、ペンツールで描くパーツのスタイルを統一させることができます。

9 手の描画

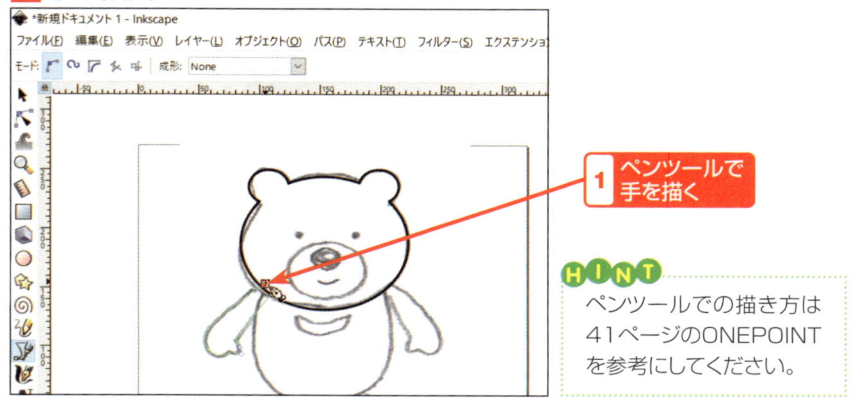

HINT
ペンツールでの描き方は41ページのONEPOINTを参考にしてください。

10 スタイルの設定

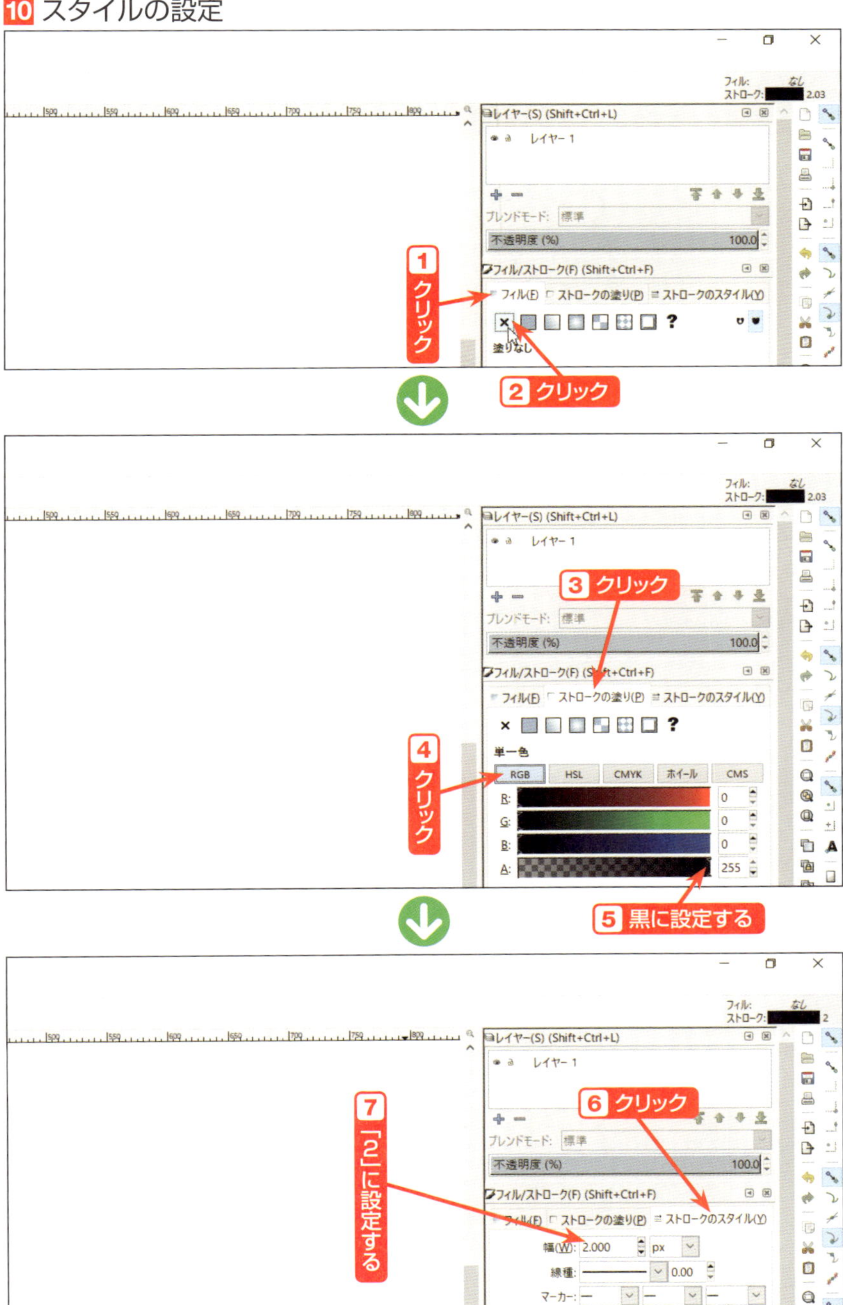
1 クリック
2 クリック
3 クリック
4 クリック
5 黒に設定する
6 クリック
7 「2」に設定する
フィル/ストローク(F) (Shift+Ctrl+F)
フィル(F)
ストロークの塗り(P)
ストロークのスタイル(Y)
塗りなし
単一色
RGB
HSL
CMYK
ホイール
CMS
幅(W): 2.000
px

11 手の複製と反転

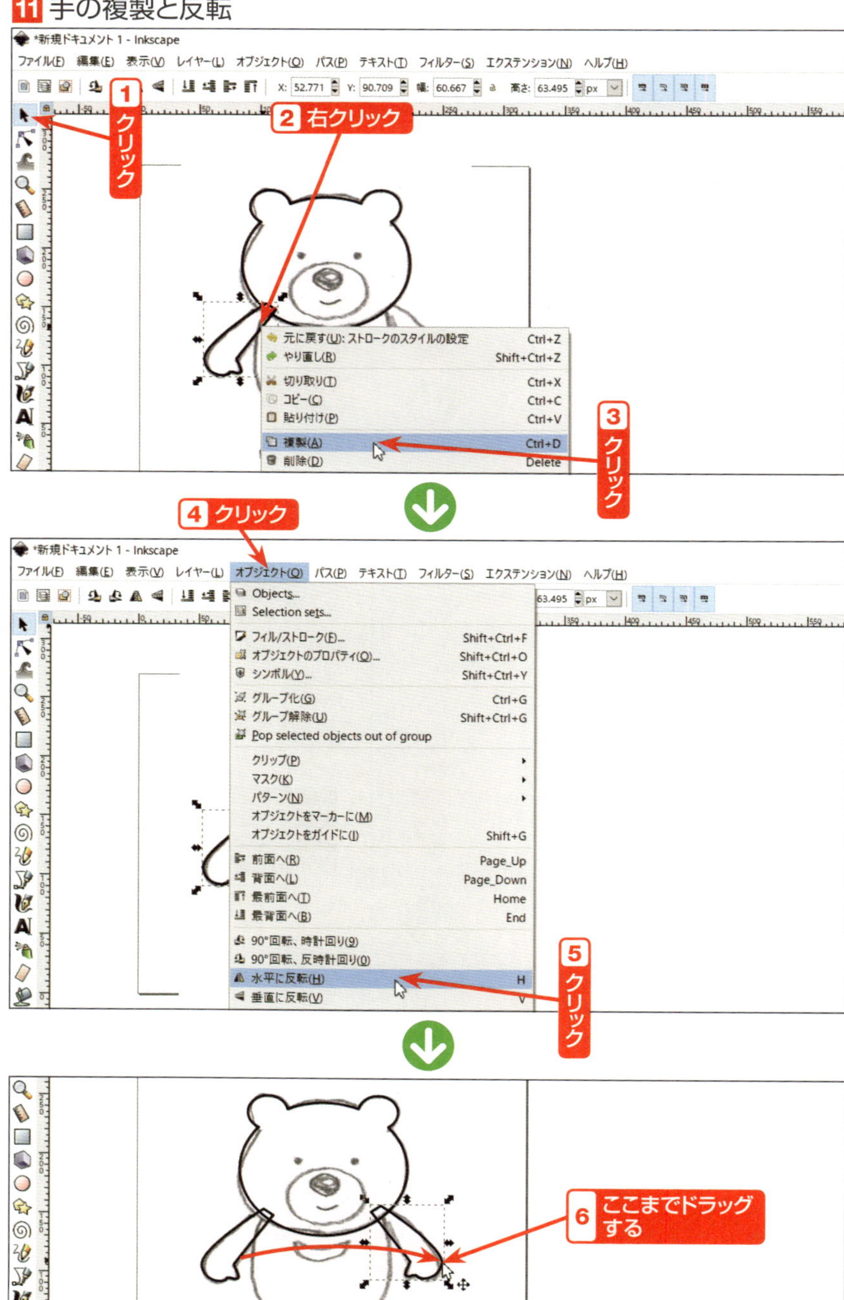
1 クリック
2 右クリック
元に戻す(U): ストロークのスタイルの設定 Ctrl+Z
やり直し(R) Shift+Ctrl+Z
切り取り(T) Ctrl+X
コピー(C) Ctrl+C
貼り付け(P) Ctrl+V
複製(A) Ctrl+D
削除(D) Delete
3 クリック
4 クリック
オブジェクト(O)
Objects...
Selection sets...
フィル/ストローク(F)... Shift+Ctrl+F
オブジェクトのプロパティ(O)... Shift+Ctrl+O
シンボル(Y)... Shift+Ctrl+Y
グループ化(G) Ctrl+G
グループ解除(U) Shift+Ctrl+G
Pop selected objects out of group
クリップ(P)
マスク(K)
パターン(N)
オブジェクトをマーカーに(M)
オブジェクトをガイドに(I) Shift+G
前面へ(R) Page_Up
背面へ(L) Page_Down
最前面へ(T) Home
最背面へ(B) End
90°回転、時計回り(9)
90°回転、反時計回り(0)
水平に反転(H) H
垂直に反転(V) V
5 クリック
6 ここまでドラッグする

12 輪郭の描画

ONEPOINT Inkscapeのペンツールでの描き方

Inkscapeのペンツールで下書きをなぞる場合には、下図のように、直線を描くにはクリックしながら、丸みを付けたい範囲はクリックの後にドラッグしてハンドルを調整しながら操作します。途中で書き直したいときには、右クリックし、パスの終端の四角いハンドルをクリックすると続きを描くことができます。なお、思い通りに描けない場合には、操作例1～7の要領で、複数の簡単な図形を組み合わせて統合する方法で作成してもよいでしょう。

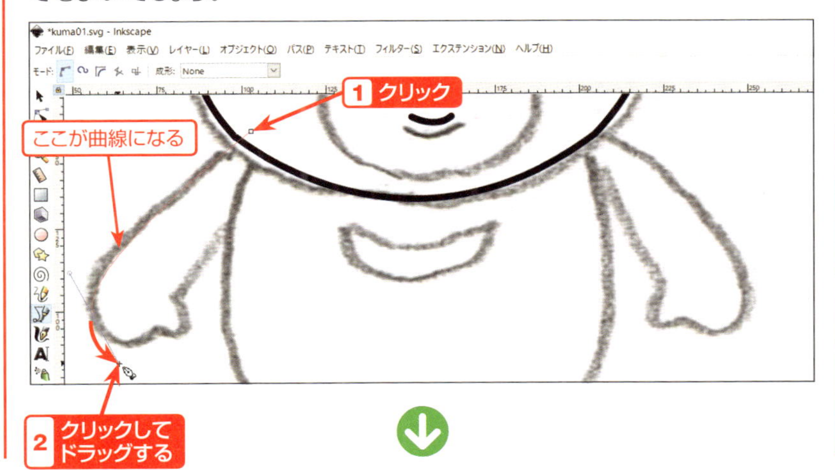

2 手書きの下絵をもとにスタンプを作成してみよう

1
2 手書きの下絵をもとにスタンプを作成してみよう
3
4

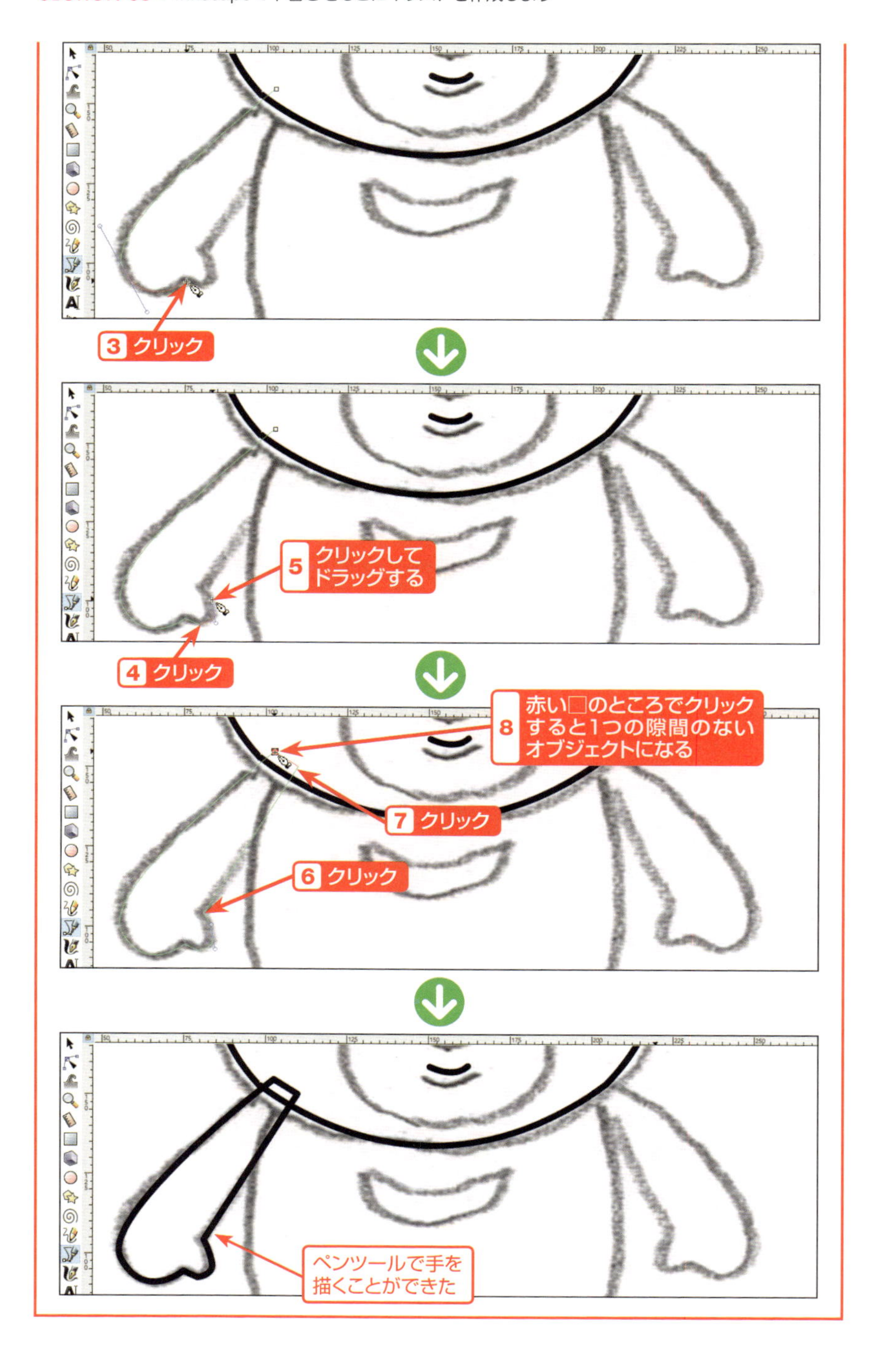

ONEPOINT
各パーツは作成した順番に重なっていく

Inkscapeでは、線や塗りで構成された1つのパーツを「オブジェクト」と言います。各オブジェクトは、作成した順に上に重ねられて配置されます。そのため、背後にあるオブジェクトから順に描いていくことがポイントです。ただし、オブジェクトが多くなるといちいち順番通りに作成することも困難になります。

そのような場合には、[オブジェクト(O)]メニューの[前面へ(R)][背面へ(L)][最前面へ(T)][最背面へ(B)]コマンドを利用して、配置位置を変更します。操作例のイラストは、次の順に作成されています。

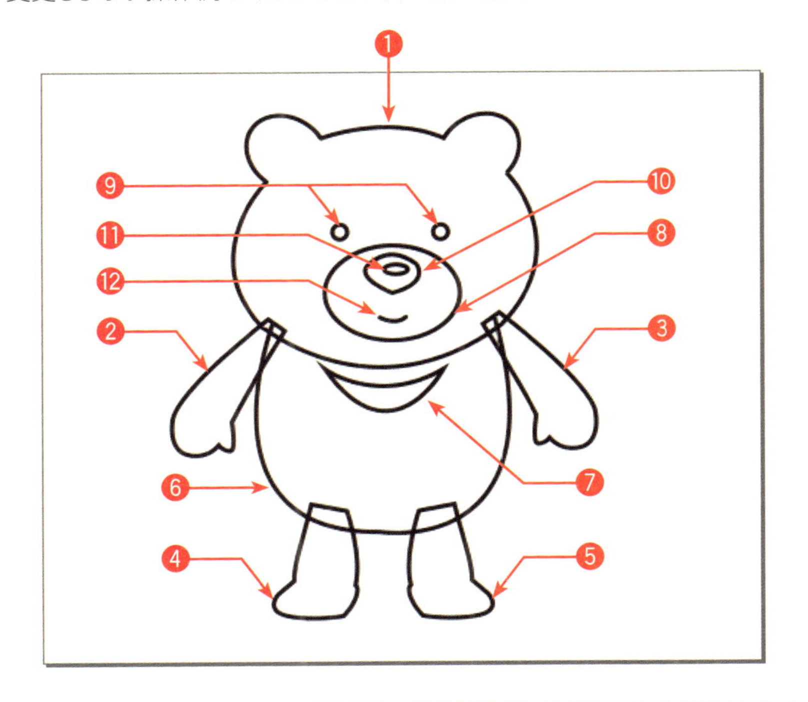

イラストの色付け

パスで作成したイラストの下書きを削除し、各パーツのフィル(塗り)とストローク(線)の設定を行います。

1 下書きの削除

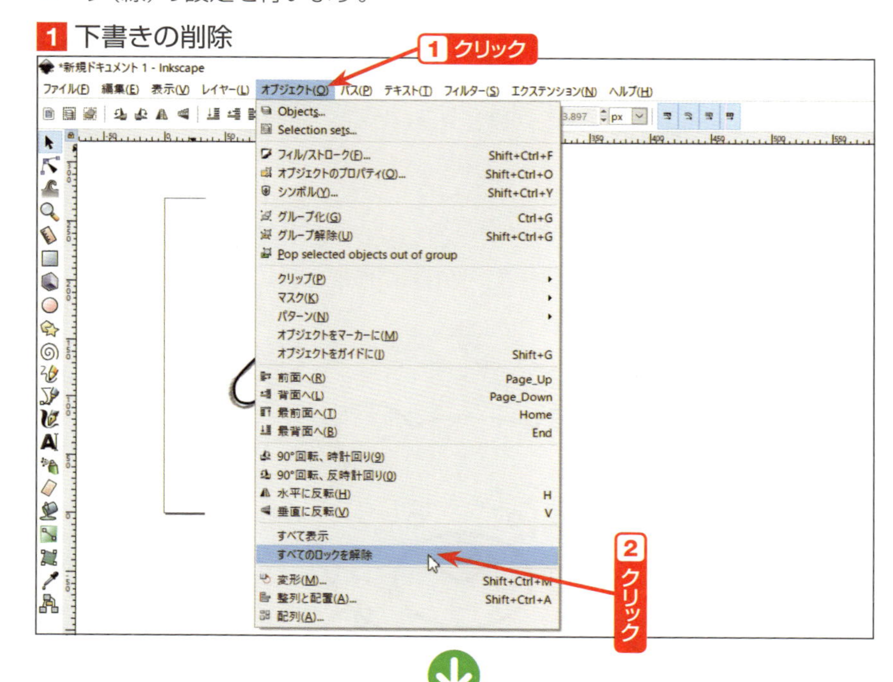

1
2 手書きの下絵をもとにスタンプを作成してみよう
3
4

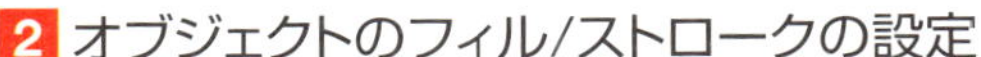

2 オブジェクトのフィル/ストロークの設定

3 各オブジェクトのフィル/ストロークの設定

HINT

各オブジェクトによって、フィル(塗り)とストローク(線)の設定を行います。

4 ファイルの保存

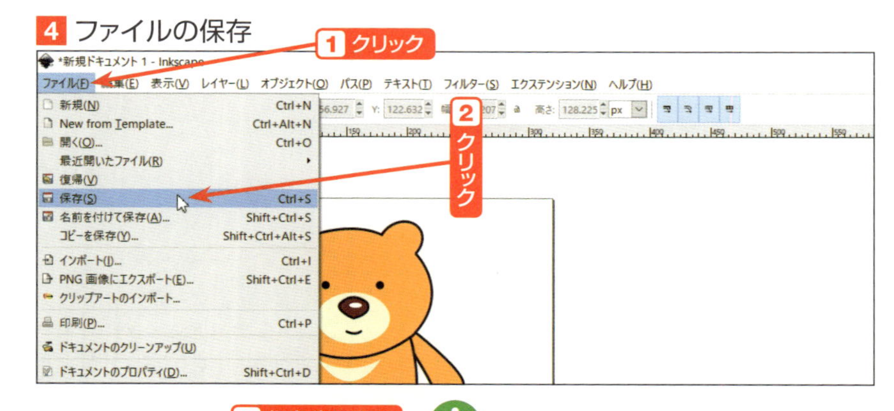

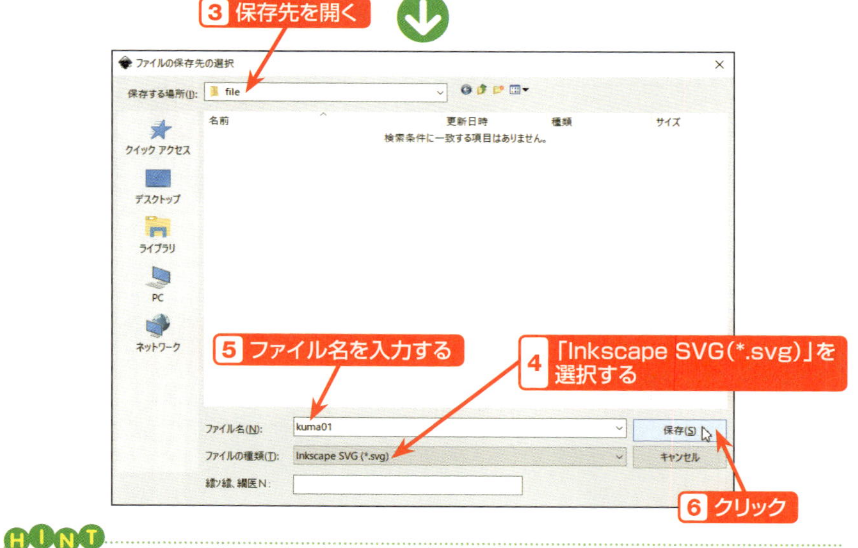

HINT

本SECTIONの要領で、下書きから残りの2つのイラストを作成します。

作成したイラスト

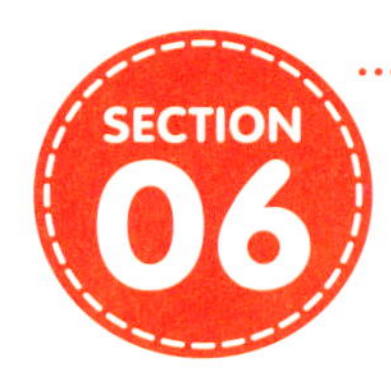

アニメーションの1コマとなる静止画を作成しよう

ここでは、SECTION 05の方法で作成したイラストを編集・加工して、アニメーションの動きのもとになる複数のイラストを作成します。

ドキュメントの作成とイラストのコピー&ペースト

新規ドキュメントを作成し、作成したイラストをコピー&ペーストして配置します。

1 ドキュメントの設定

2 ページサイズの設定

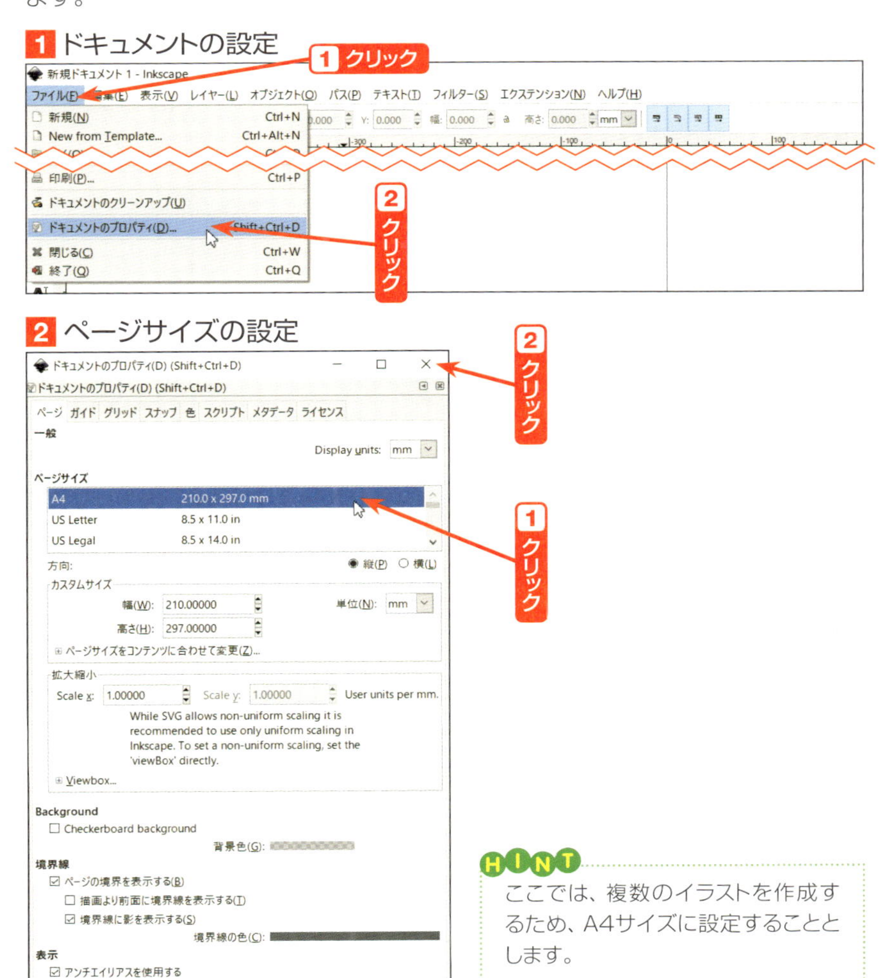

HINT
ここでは、複数のイラストを作成するため、A4サイズに設定することとします。

3 ドキュメントの拡大

HINT
ここでは、作業しやすいサイズにドキュメントを拡大しています。

4 [インポート(I)]コマンドの実行

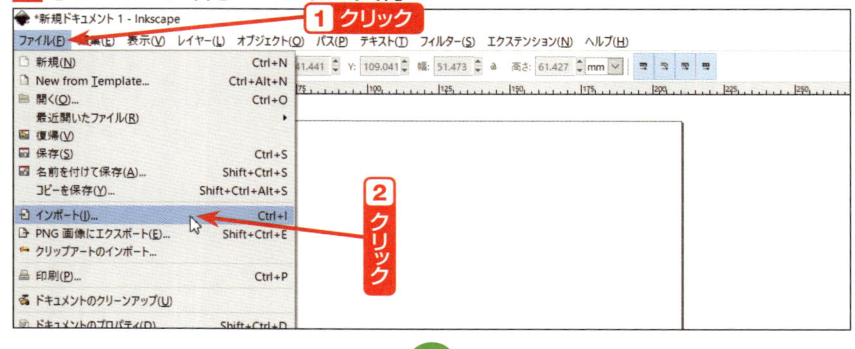

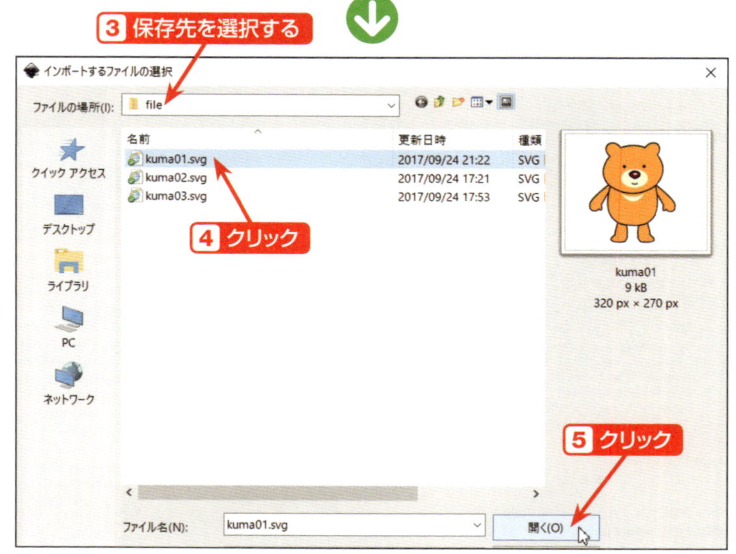

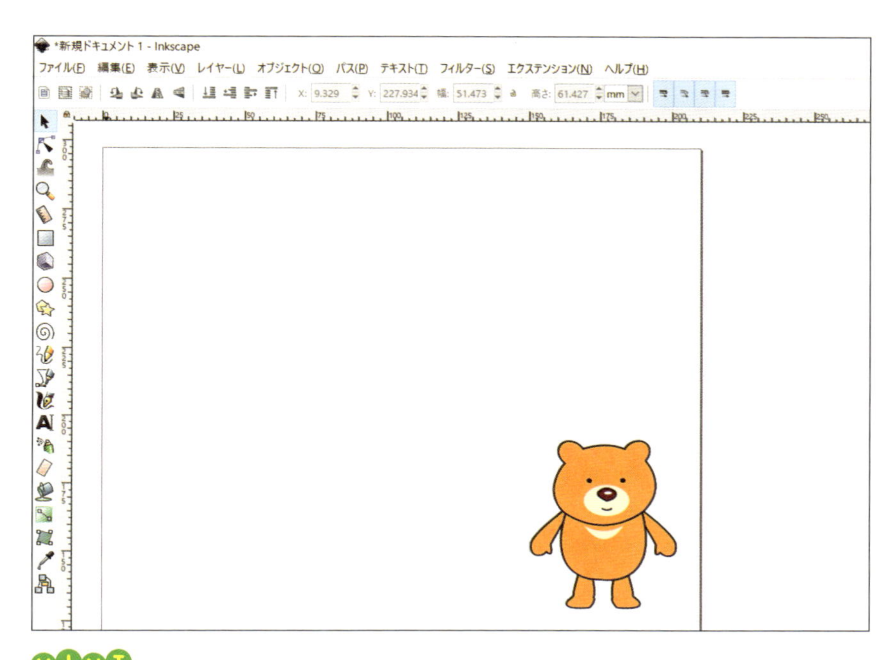

HINT

この後、読み込んだイラストをドキュメントの左上に配置します。

5 イラストの複製

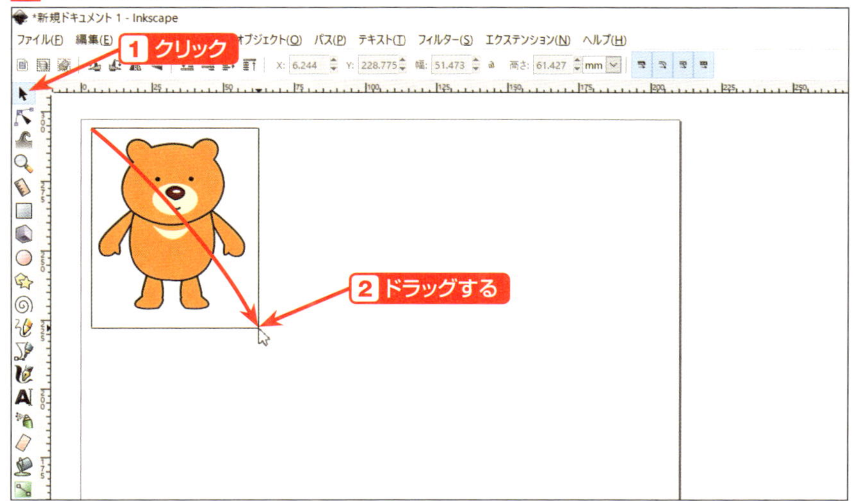

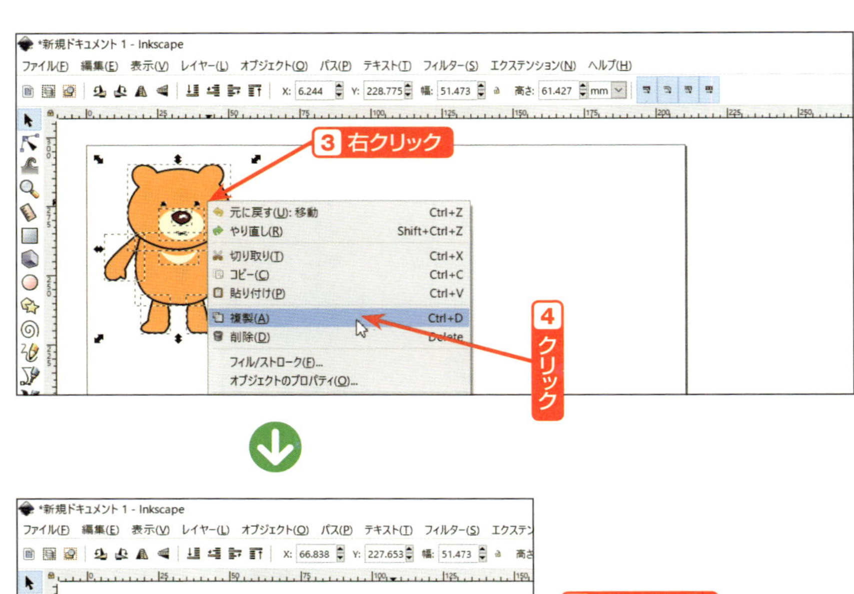

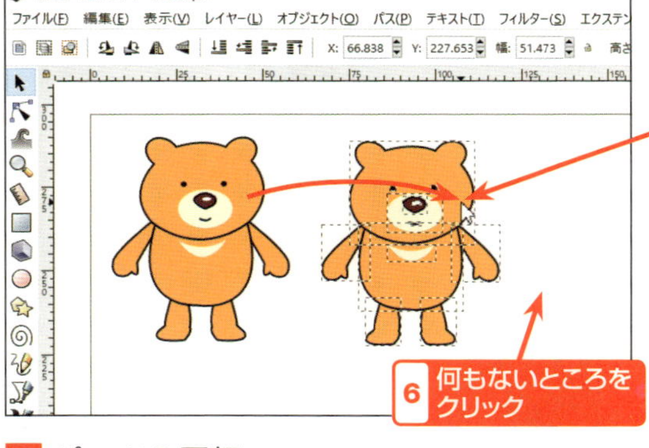

HINT
ここでは、いったんイラストの選択状態を解除するために、何もないところをクリックしています。

6 パーツの反転

7 パーツの回転と移動

HINT
「選択ツール」でクリックして再度クリックすると、回転や変形できるハンドルに切り替えることができます。ダブルクリックすると、「ノードツール」になってしまうので注意が必要です。

動きを変えて複数のアニメーション用のイラストを作成してみよう

操作例5～7の要領で、もとのイラストを複製し、パーツを変形・移動したり、書き換えたりすることで、次のように、さまざまなバリエーションのアニメーション用のイラストを作成することができます。

◉バンザイをする

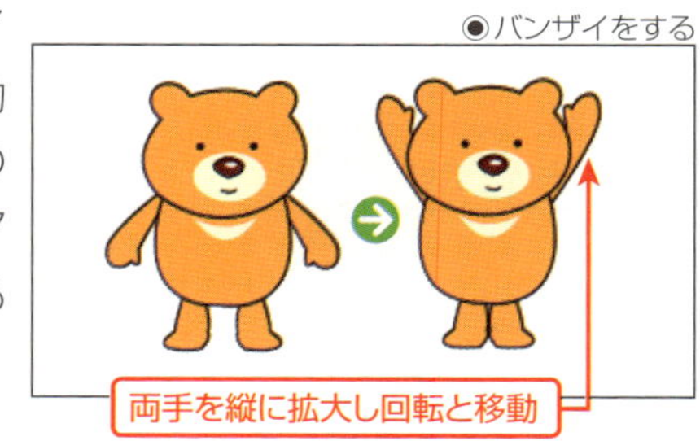

◉手を振る

◉飛び上がる

◉振り向く
横向きのイラストを描く
顔のパーツを削除し、尻尾を描く
斜め前のイラストを描く
正面の複製
◉おじぎをする
手を体より前面に配置して回転と移動
両足を移動
頭を下げるイラストを描く
◉横向きで歩く
横向きのイラストを使って手と足を回転と移動
対称的に変形

◉前に進んでくる
手と足を拡大や縮小し移動
対称的に変形

◉後ろ向きで歩いて行く

◉敬礼をする

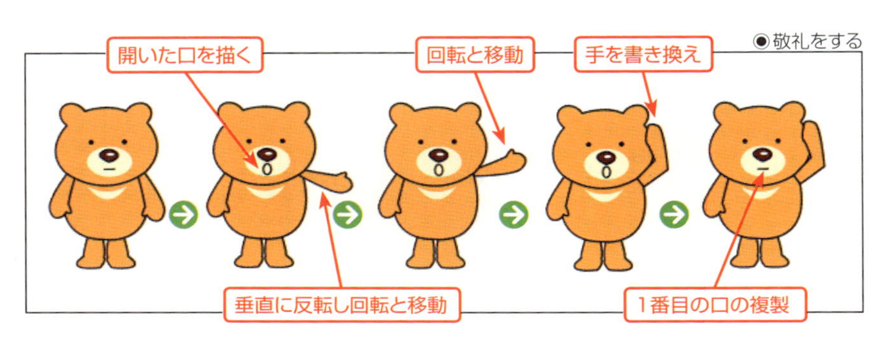

◉顔の表情の変化

◉小物を持たせる(身に着ける)背景を描く

SECTION
07

飛び上がるアニメーションを作成してみよう

ここでは、少しずつ動きを変えたイラストをPNG画像として書き出し、飛び上がっているようなアニメーションを作成する方法を説明します。

アニメーションの静止画を用意する

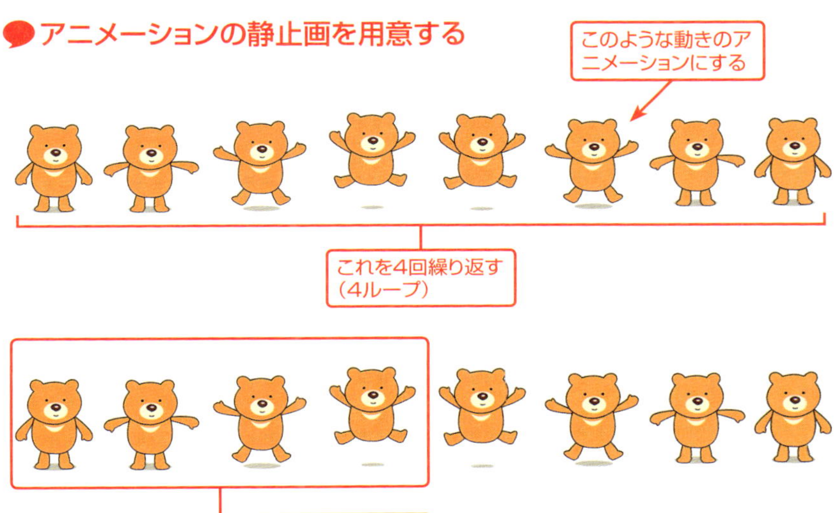
このような動きのアニメーションにする
これを4回繰り返す（4ループ）
ここからここまでは後半と同じイラストなので、PNG画像に書き出すのはこの4つになる

*新規ドキュメント 2 - Inkscape
ファイル(F) 編集(E) 表示(V) レイヤー(L) オブジェクト(O) パス(P) テキスト(T) フィルター(S) エクステンション(N) ヘルプ(H)
幅320px × 高さ270px（アニメーションスタンプの最大サイズ）のドキュメント（28ページ参照）
使用するイラストをインポートまたはコピー＆ペーストして配置しておく（48ページ参照）

PNG画像に書き出すイラストの配置

各イラストをグループ化し、ドキュメントに配置してそれぞれ別のレイヤーに移動します。

1 オブジェクトのグループ化

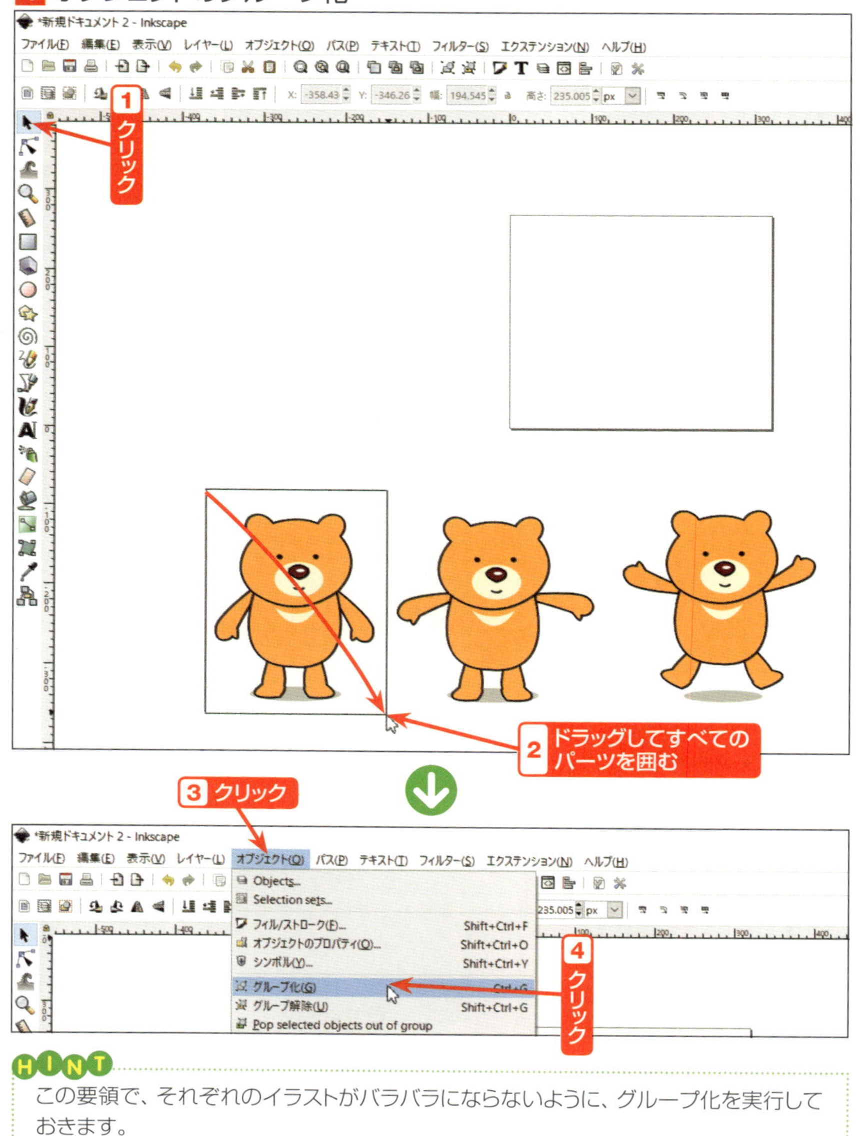

HINT

この要領で、それぞれのイラストがバラバラにならないように、グループ化を実行しておきます。

2 レイヤーの作成

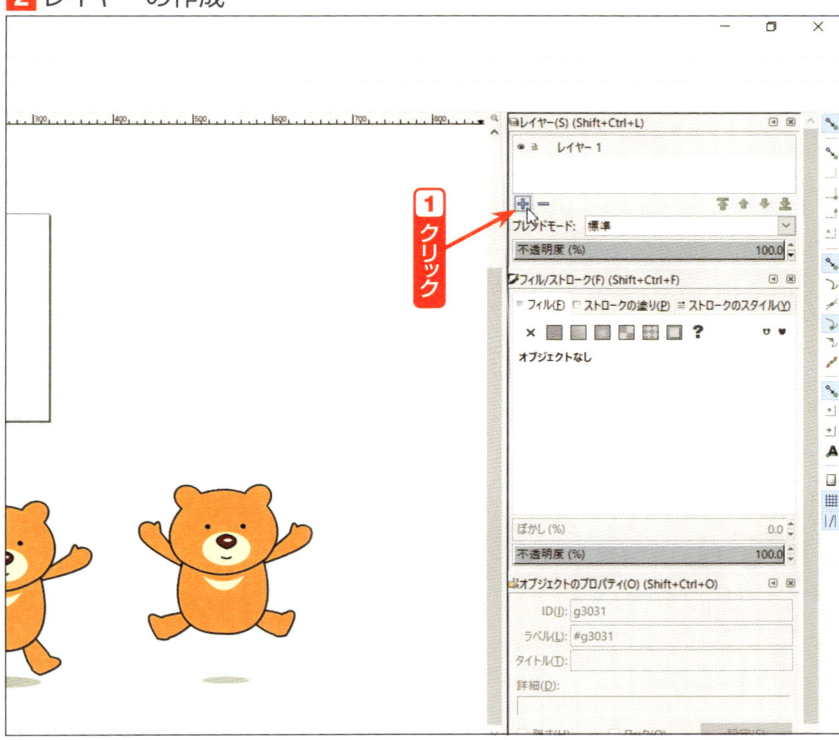
レイヤー(S) (Shift+Ctrl+L)
レイヤー 1
1 クリック
ブレンドモード: 標準
不透明度 (%) 100.0
フィル/ストローク(F) (Shift+Ctrl+F)
フィル(F) ストロークの塗り(P) ストロークのスタイル(Y)
オブジェクトなし
ぼかし (%) 0.0
不透明度 (%) 100.0
オブジェクトのプロパティ(O) (Shift+Ctrl+O)
ID(I): g3031
ラベル(L): #g3031
タイトル(T):
詳細(D):

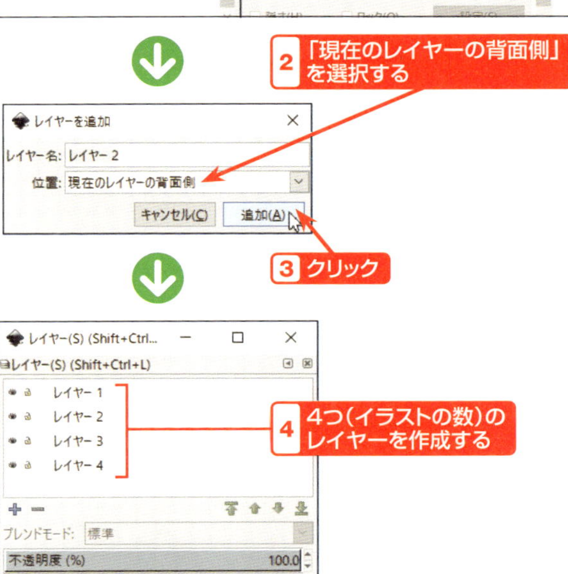
2 「現在のレイヤーの背面側」を選択する
レイヤーを追加
レイヤー名: レイヤー 2
位置: 現在のレイヤーの背面側
キャンセル(C)
追加(A)
3 クリック
レイヤー(S) (Shift+Ctrl...
レイヤー(S) (Shift+Ctrl+L)
レイヤー 1
レイヤー 2
レイヤー 3
レイヤー 4
4 4つ(イラストの数)のレイヤーを作成する
ブレンドモード: 標準
不透明度 (%) 100.0

3 イラストをドキュメントとレイヤーに配置

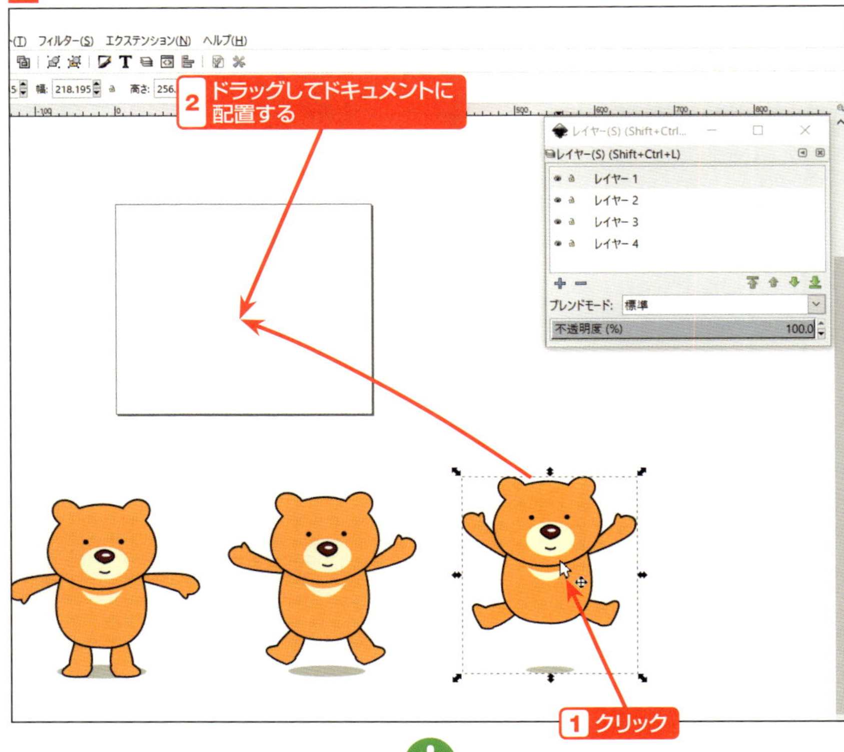

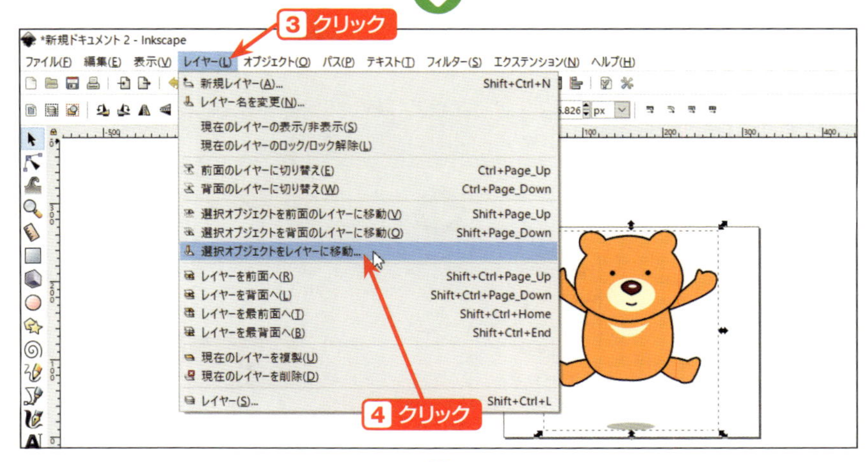

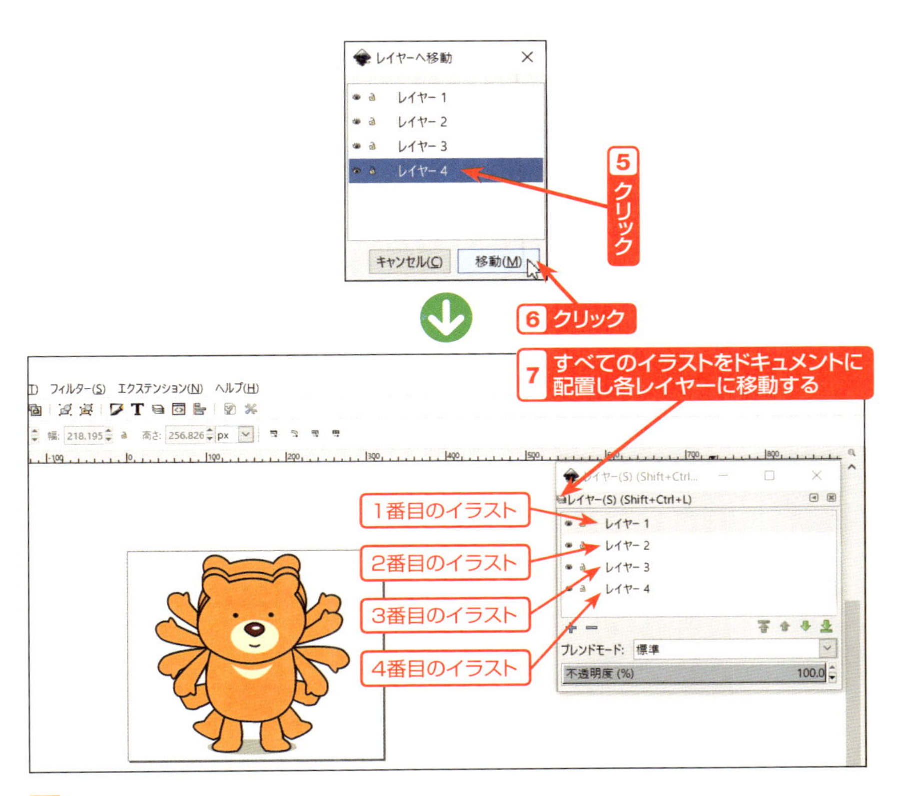
レイヤーへ移動
レイヤー 1
レイヤー 2
レイヤー 3
レイヤー 4
キャンセル(C)
移動(M)
5 クリック
6 クリック
7 すべてのイラストをドキュメントに配置し各レイヤーに移動する
1番目のイラスト
2番目のイラスト
3番目のイラスト
4番目のイラスト
レイヤー(S) (Shift+Ctrl+L)
ブレンドモード: 標準
不透明度 (%) 100.0

4 動きの確認

1 右クリック
2 クリック
レイヤー(S) (Shift+Ctrl+L)
レイヤー 1
レイヤー 2
レイヤー 3
レイヤー 4
新規レイヤー(A)...
レイヤー名を変更(N)...
他のレイヤーの表示/非表示(S)
全レイヤーを表示(W)
全レイヤーを非表示(H)
他のレイヤーのロック/ロック解除(O)
全レイヤーをロック(L)
全レイヤーのロックを解除(U)
レイヤーを前面へ(R)
レイヤーを背面へ(L)
現在のレイヤーを複製(U)
現在のレイヤーを削除(D)
ブレンドモード: 標準
不透明度 (%)

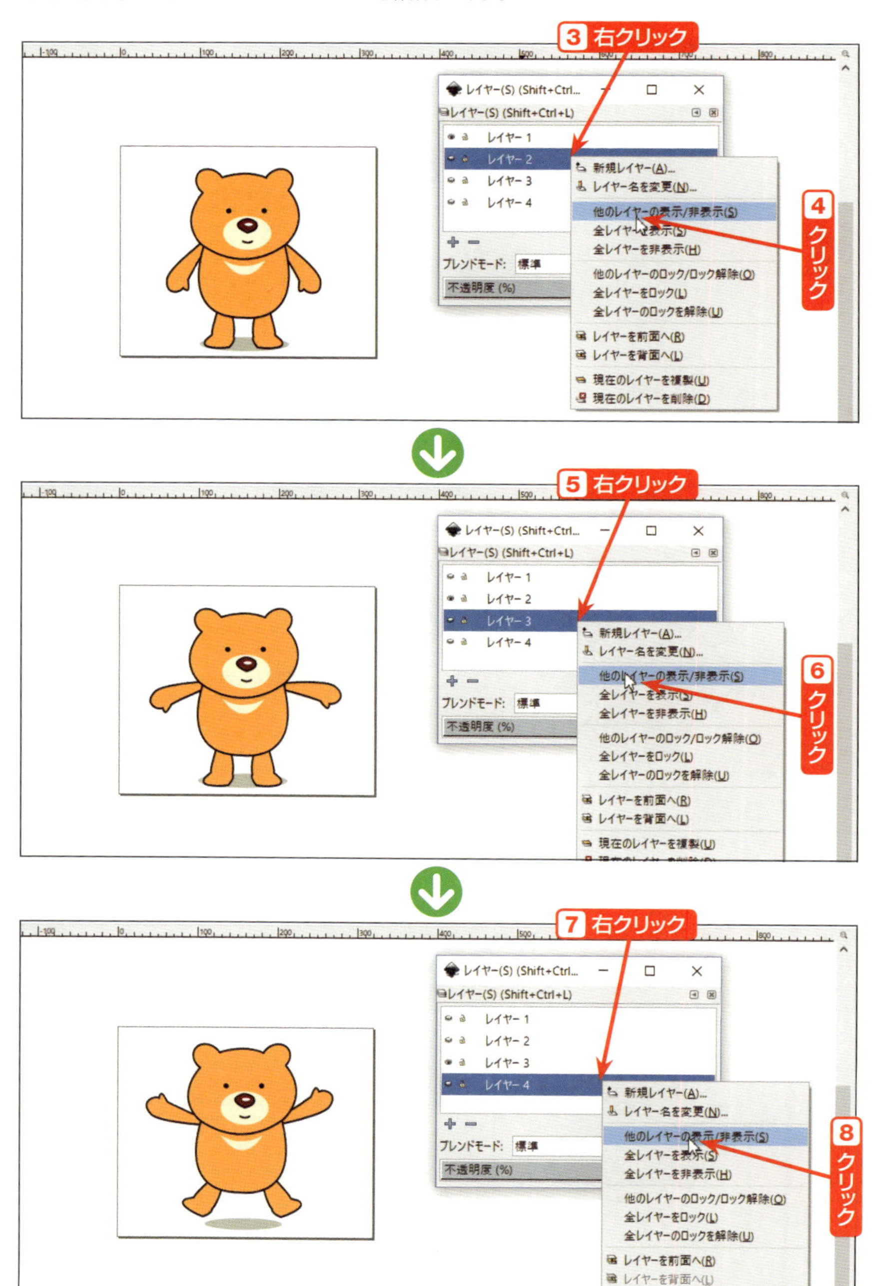
3 右クリック
レイヤー(S) (Shift+Ctrl...
レイヤー(S) (Shift+Ctrl+L)
レイヤー 1
レイヤー 2
レイヤー 3
レイヤー 4
ブレンドモード: 標準
不透明度 (%)
新規レイヤー(A)...
レイヤー名を変更(N)...
他のレイヤーの表示/非表示(S)
全レイヤーを表示(S)
全レイヤーを非表示(H)
他のレイヤーのロック/ロック解除(O)
全レイヤーをロック(L)
全レイヤーのロックを解除(U)
レイヤーを前面へ(R)
レイヤーを背面へ(L)
現在のレイヤーを複製(U)
現在のレイヤーを削除(D)
4 クリック
5 右クリック
6 クリック
7 右クリック
8 クリック

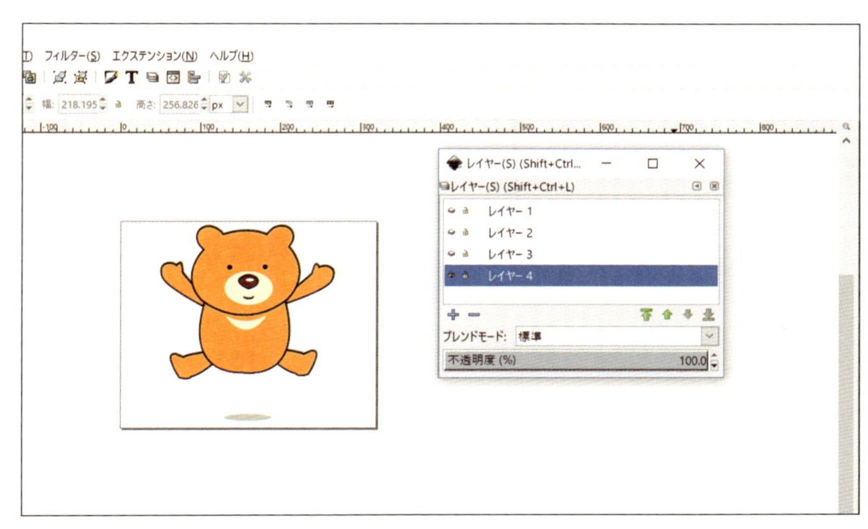

HINT

各レイヤー以外を非表示にしてイラストの動きを確認し、必要であれば位置を微調整します。

5 全レイヤーの表示

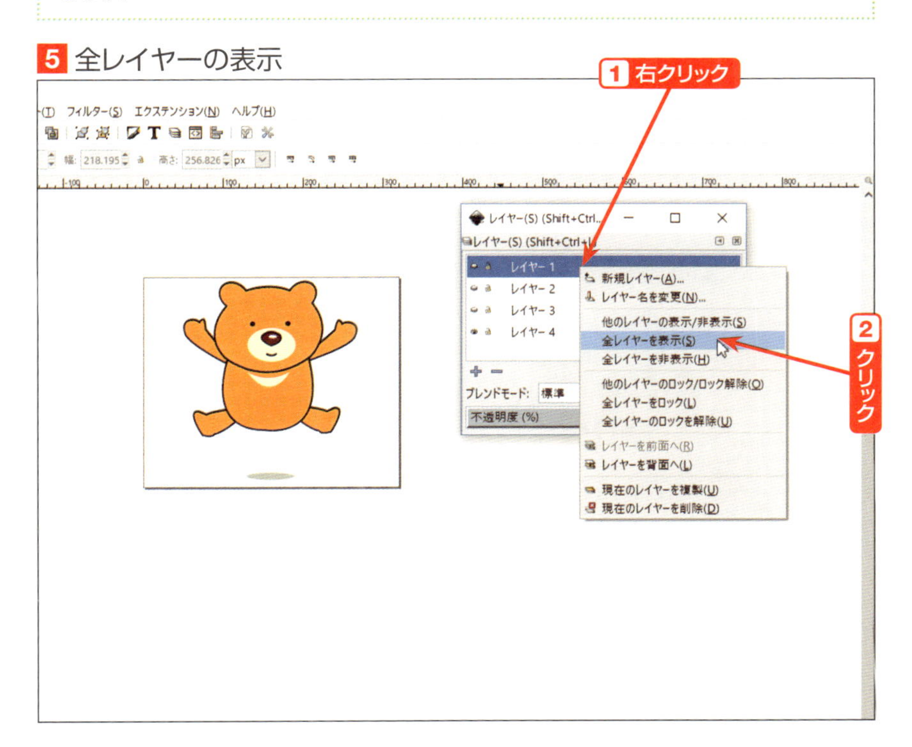

ドキュメントサイズの確認と変更

アニメーションスタンプでは、余分な余白は削除する必要があるため、すべてのイラストが入るドキュメントのサイズに変更します。

1 オブジェクトの移動

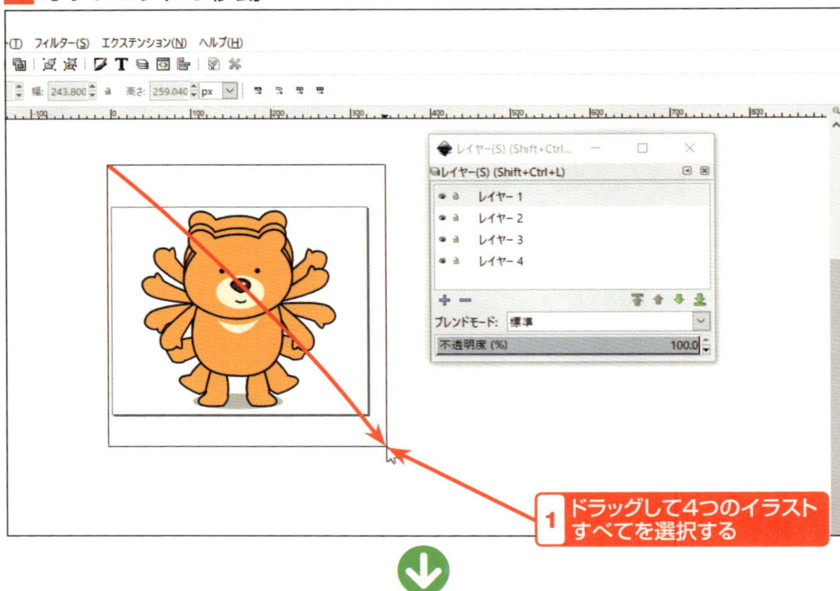

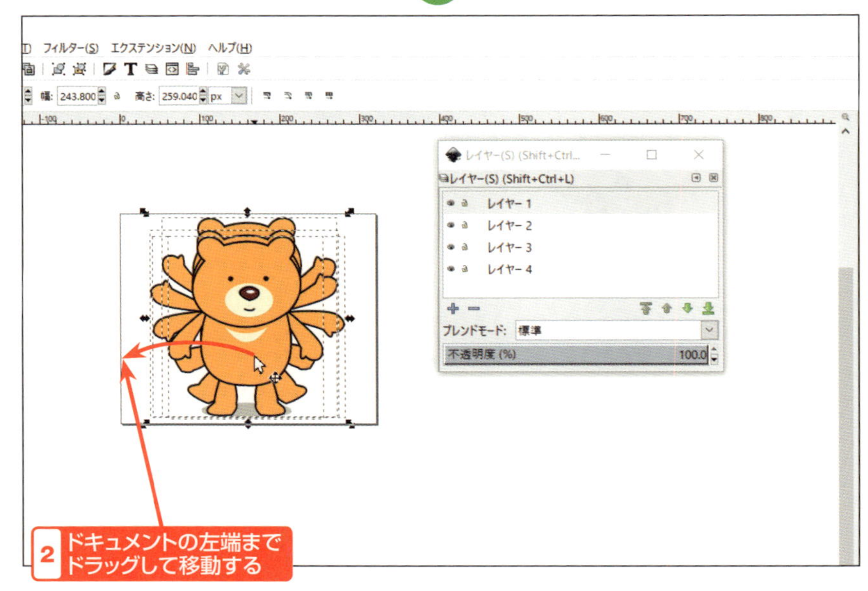

2 余白の確認

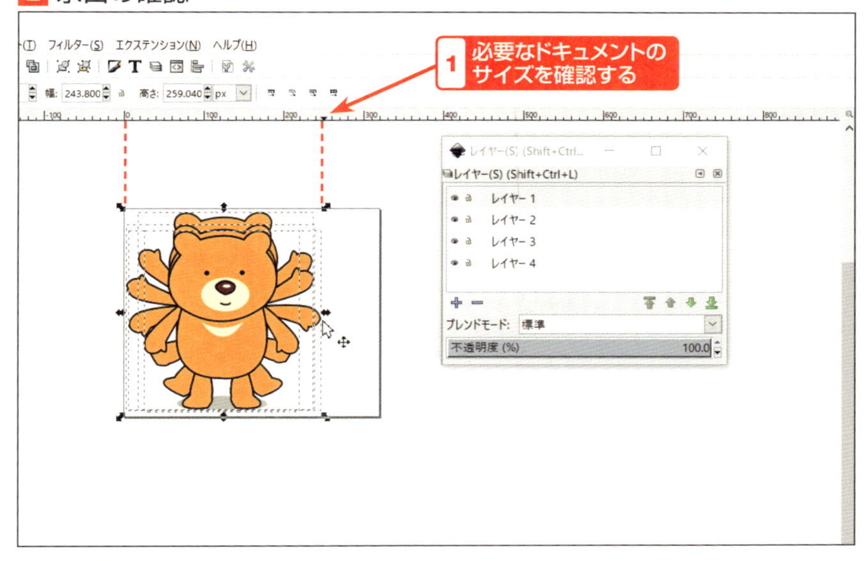

HINT

目盛りを利用して、おおよそのドキュメントのサイズを確認します。なお、ここで単位が「px」になっていない場合には、[ファイル(F)]→[ドキュメントのプロパティ(D)]を実行し、「ページ」タブの「一般」の「Display Units」の単位を「px」に設定します。

3 ドキュメントのサイズの変更

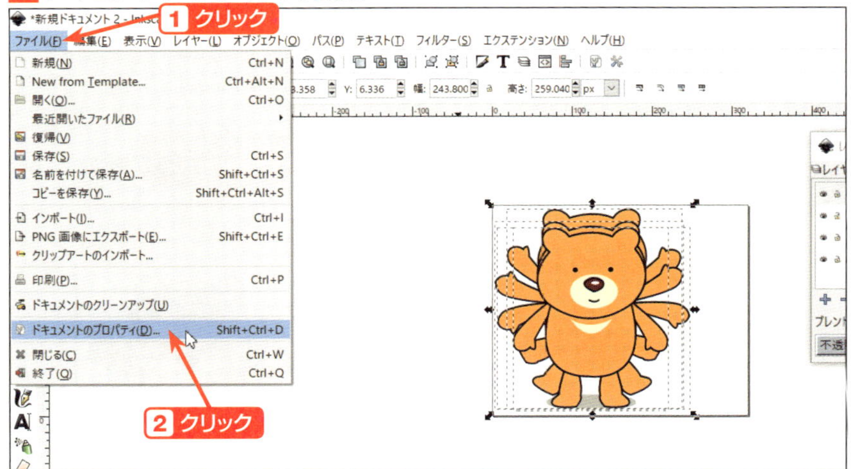

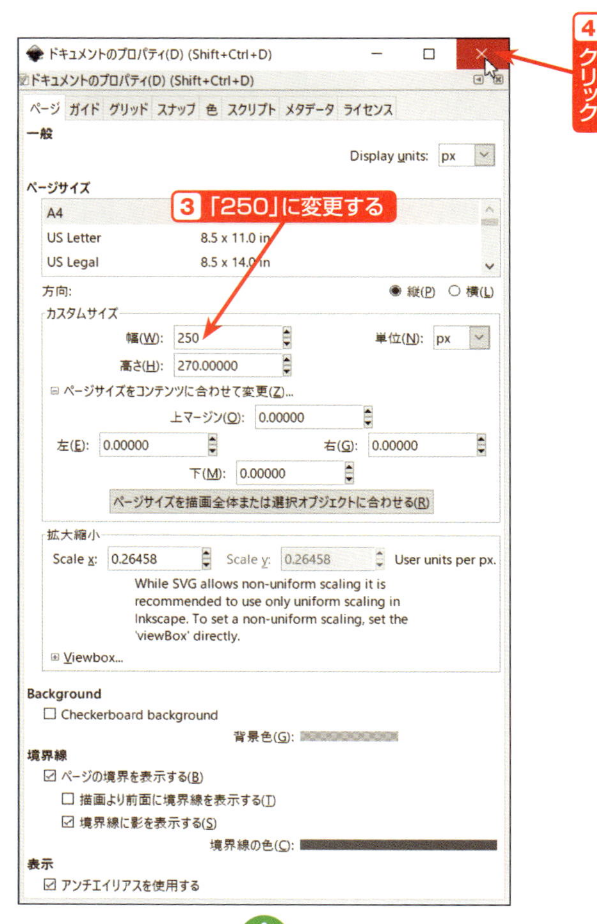
ドキュメントのプロパティ(D) (Shift+Ctrl+D)
ページ ガイド グリッド スナップ 色 スクリプト メタデータ ライセンス
一般
Display units: px
ページサイズ
A4
US Letter 8.5 x 11.0 in
US Legal 8.5 x 14.0 in
方向: 縦(P) 横(L)
カスタムサイズ
幅(W): 250
高さ(H): 270.00000
単位(N): px
ページサイズをコンテンツに合わせて変更(Z)...
上マージン(O): 0.00000
左(E): 0.00000
右(G): 0.00000
下(M): 0.00000
ページサイズを描画全体または選択オブジェクトに合わせる(R)
拡大縮小
Scale x: 0.26458 Scale y: 0.26458 User units per px.
While SVG allows non-uniform scaling it is recommended to use only uniform scaling in Inkscape. To set a non-uniform scaling, set the 'viewBox' directly.
Viewbox...
Background
Checkerboard background
背景色(G):
境界線
ページの境界を表示する(B)
描画より前面に境界線を表示する(T)
境界線に影を表示する(S)
境界線の色(C):
表示
アンチエイリアスを使用する
3 「250」に変更する
4 クリック

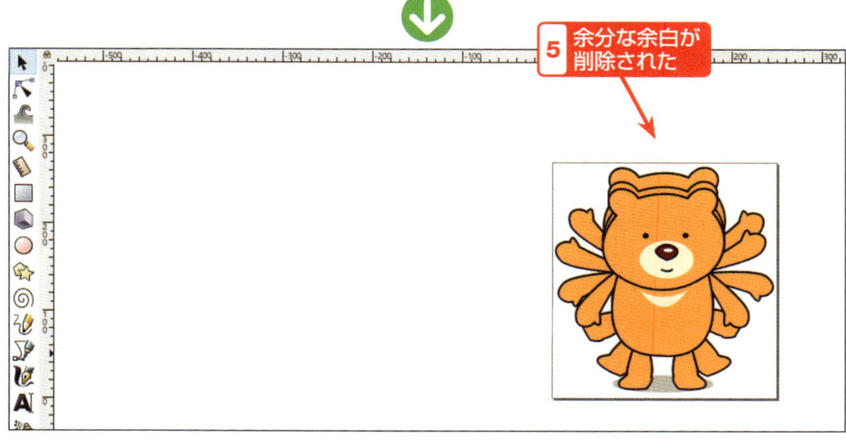
5 余分な余白が削除された

イラストの書き出し

それぞれのレイヤーのイラストを、PNG形式のファイルに書き出します。

1 レイヤー1のイラストのみの表示

2 [PNG画像にエクスポート(E)]コマンドの選択

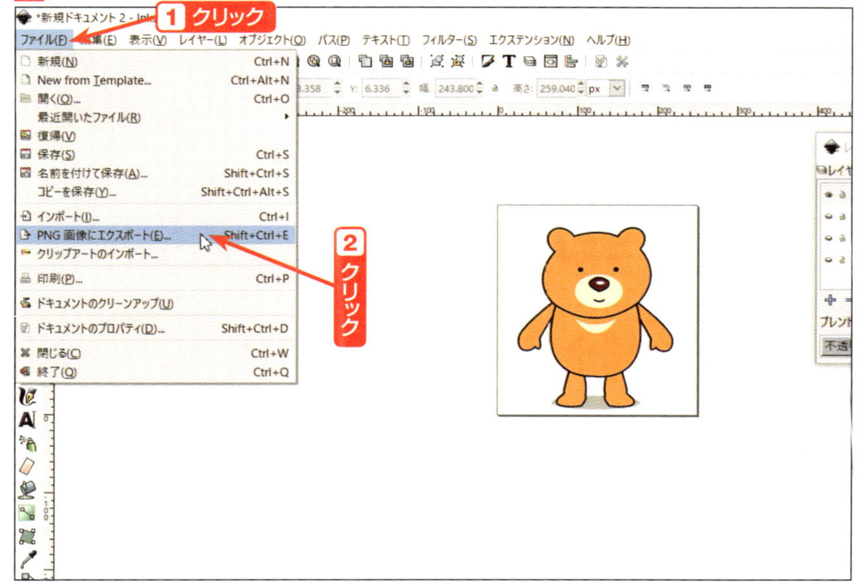

3 エクスポートの設定と実行

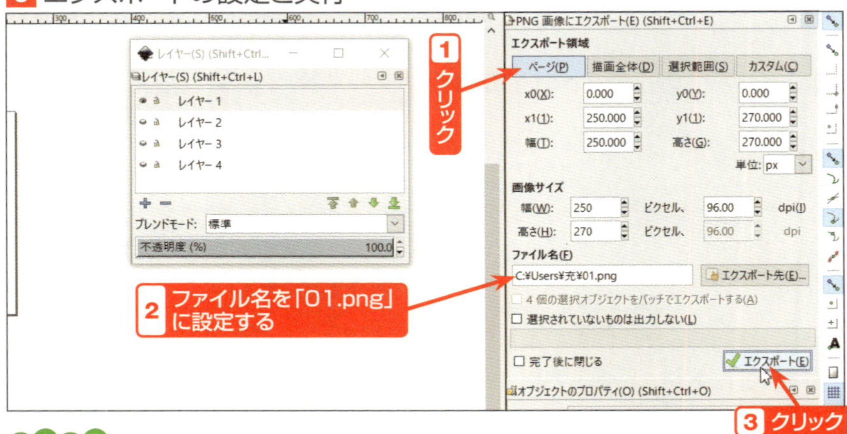

HINT

イラストの保存先を変更したい場合には、[エクスポート先(E)]ボタンをクリックして、任意の保存先を指定します。

HINT

この要領で、「レイヤー2」「レイヤー3」「レイヤー4」のイラストをそれぞれ表示し、「02.png」「03.png」「04.png」のファイル名でエクスポートを実行します。

◉01.png

◉02.png

◉03.png

◉04.png

APNGに変換

「APNG Assembler」を起動して、書き出したPNGファイルをもとにアニメーションを作成します。ここでは、次のようなアニメーションに変換することとします。

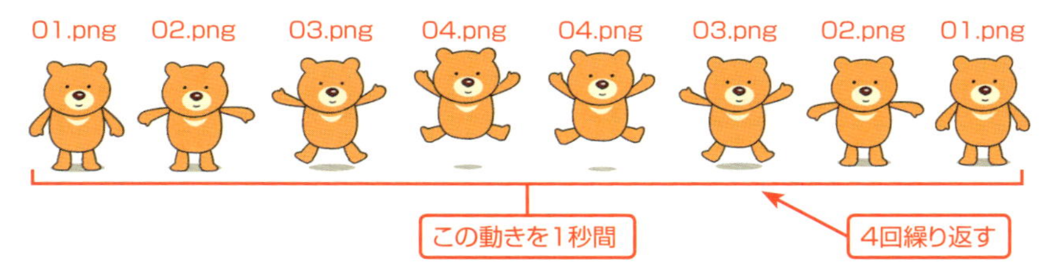

1
2
手書きの下絵をもとにスタンプを作成してみよう
3
4

1 「APNG Assembler」の起動

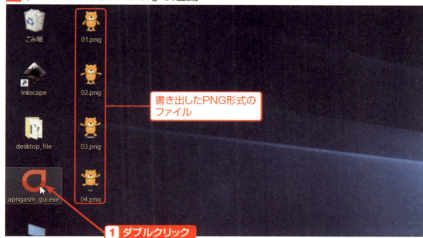

HINT
ここでは、PNGファイルをデスクトップに保存してあることとします。

2 ファイルのドラッグ

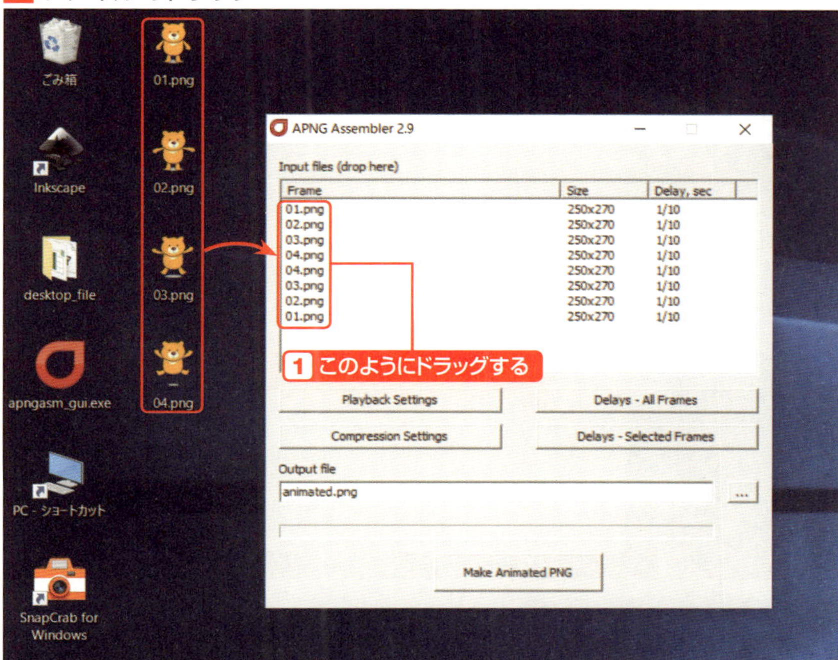

3 速度の設定

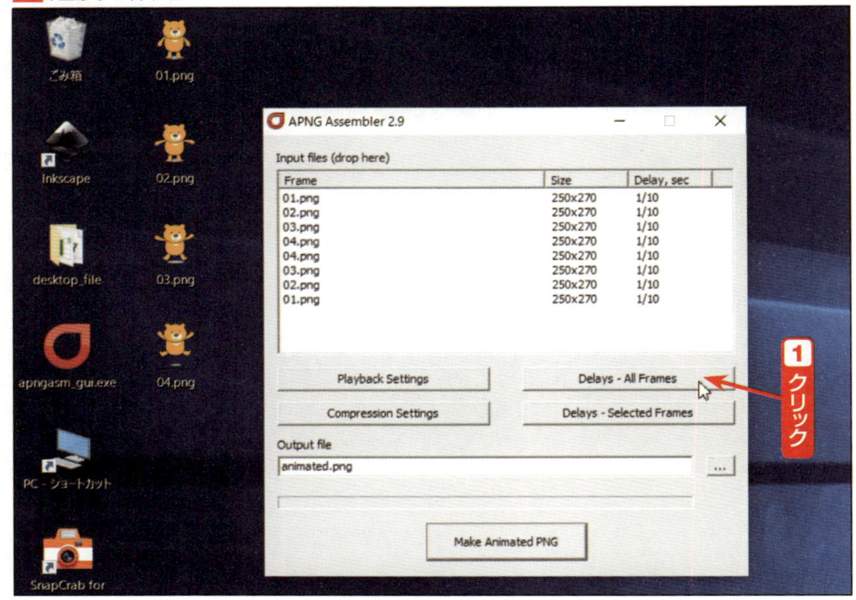

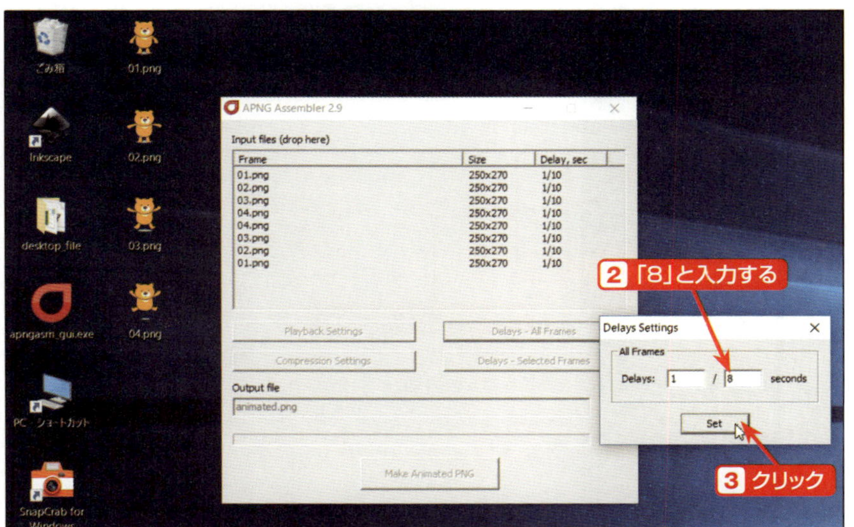

HINT

ここでは、1秒間にPNG画像を8枚表示するように指定しています。

4 ループの設定

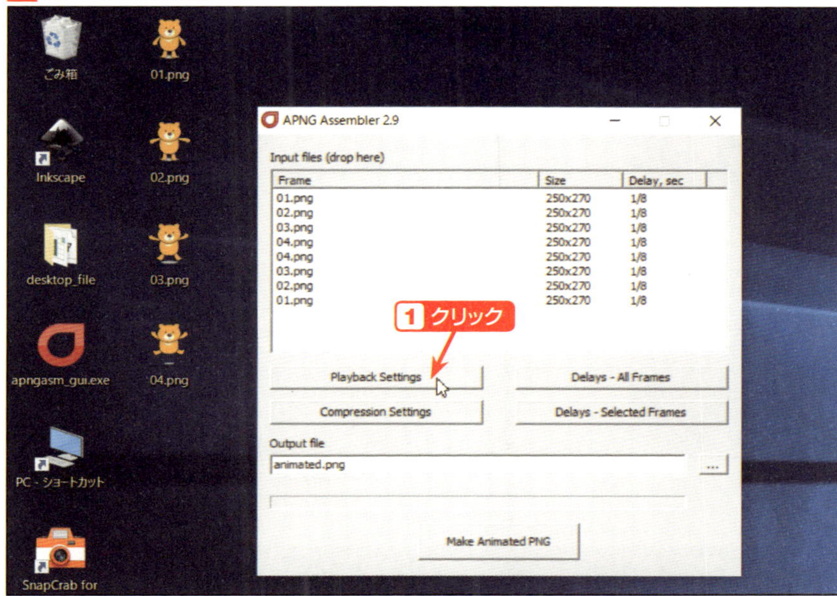
APNG Assembler 2.9
Input files (drop here)
Frame
Size
Delay, sec
01.png 250x270 1/8
02.png 250x270 1/8
03.png 250x270 1/8
04.png 250x270 1/8
04.png 250x270 1/8
03.png 250x270 1/8
02.png 250x270 1/8
01.png 250x270 1/8
1 クリック
Playback Settings
Delays - All Frames
Compression Settings
Delays - Selected Frames
Output file
animated.png
Make Animated PNG

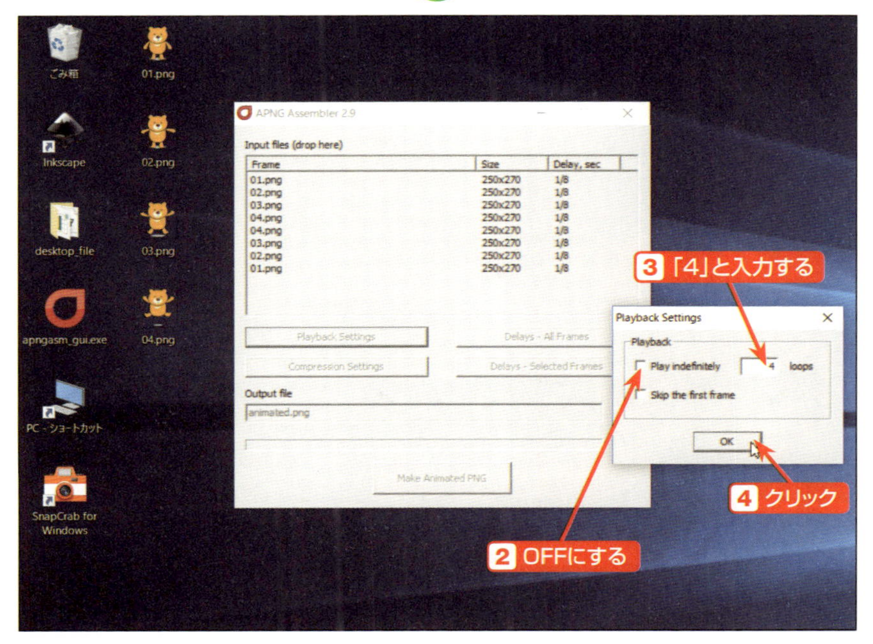
3 「4」と入力する
Playback Settings
Playback
Play indefinitely
4
loops
Skip the first frame
OK
4 クリック
2 OFFにする

5 アニメーションファイルの書き出し

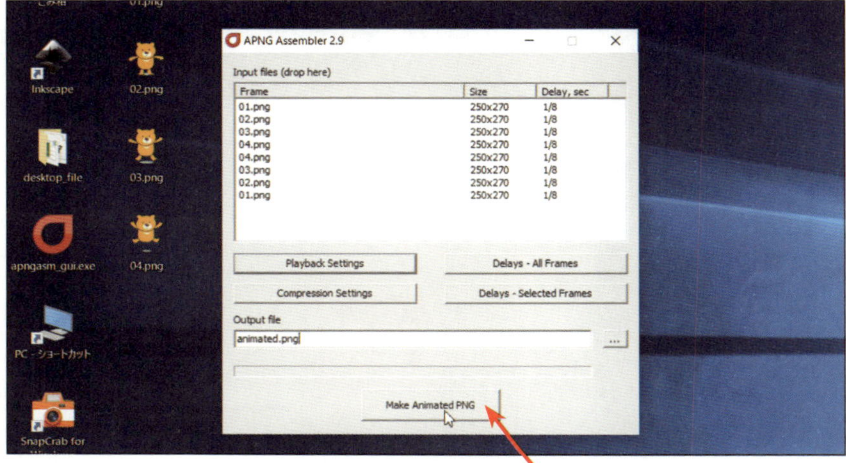

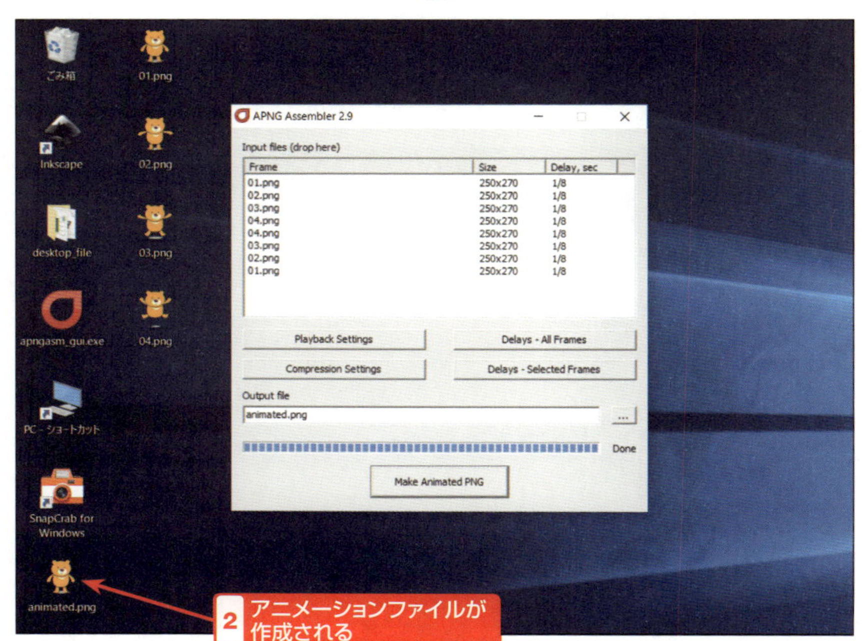

HINT

「APNG Assembler」の初期設定では、APNGはPNGファイルの保存先と同じ場所に作成されます。

6 アニメーションの動きの確認

HINT

Firefoxでは、アニメーションの最後のフレームで再生が終了されますが、LINEでは、最初のフレームが表示されて静止するところが異なります。

ONEPOINT
APNG Assemblerの設定について

「APNG Assembler」は、次のようにアニメーションの設定を行うことができます。

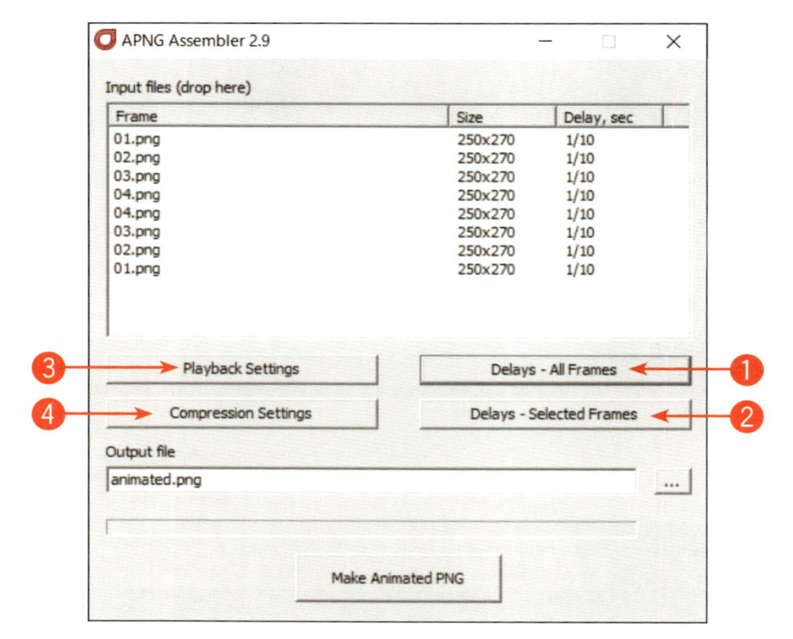

❶Delatys-All FramesのDelays Settings

すべてのPNGファイルを同じ速さで設定する機能です。アニメーションの最初から最後までを統一した速さで表示します。たとえば、1/10に設定した場合には、PNG画像1枚を1/10秒(0.1秒)で表示します。ただし、LINEのアニメーションスタンプは、1秒、2秒、3秒、4秒のいづれかの速さに決められているため、全体の枚数に対して4つのうちのどの秒数で再生させるかを考えて設定するとよいでしょう。

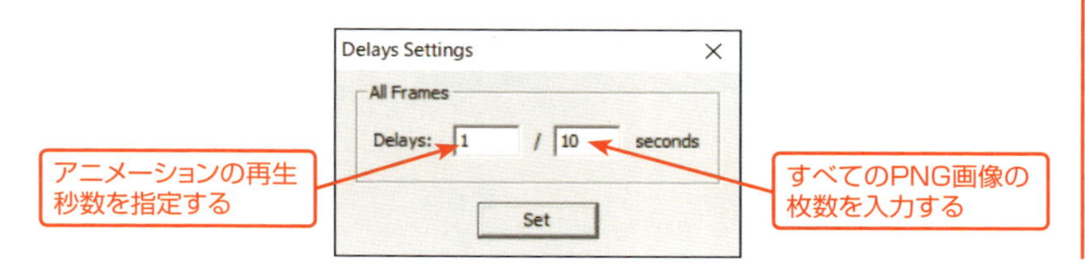

❷Delatys-Selected FramesのDelays Settings

選択したPNGファイルのみの速さを設定する機能です。たとえば、最初のPNGファイルだけを長く表示したい、アニメーションの終わりに余韻を持たせたい場合に利用することができます。1/1に設定するとそのPNG画像のみを1秒間表示させることができます。

Delays Settings
Selected Frames
Delays: 1 / 10 seconds
Set
秒数
表示する枚数を入力する

❸Playback Settings

アニメーションの再生回数を設定する機能です。初期設定では「Play indefinitely」（無制限）にチェックが入っているため注意が必要です。「Play indefinitely」をOFFにすると、「loops」（ループ）に回数を入力できるようになります。たとえば、1を入力するとアニメーションを1回再生して終わり、2を入力すると2回繰り返して再生します。

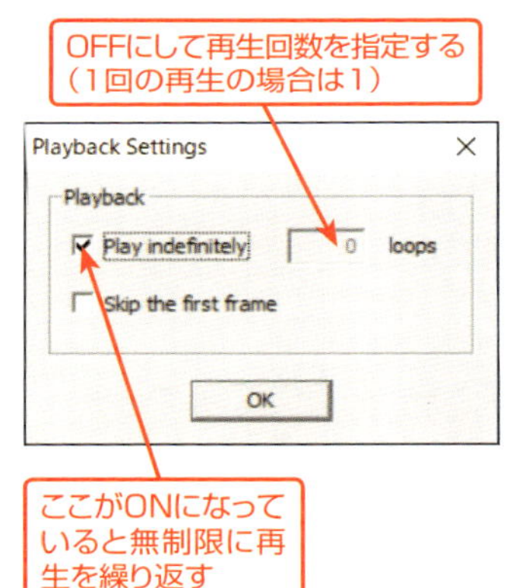

❹Compression Settings

APNGのファイルの圧縮率を設定する機能です。「zlib」→「7zip」→「Zopfli」の順に圧縮率が高くなります。初期設定では「7zip」に設定されています。ただし、PNGファイルの内容によっては、ファイルサイズにほとんど変化がない場合があります。

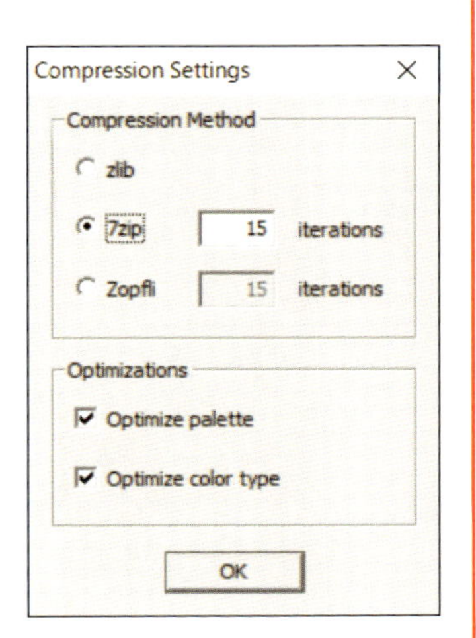

SECTION 08 文字が表示されるアニメーションを作成してみよう

ここでは、途中から1文字ずつ文字が表示されるアニメーションを作成する方法を説明します。

アニメーションの静止画を用意する

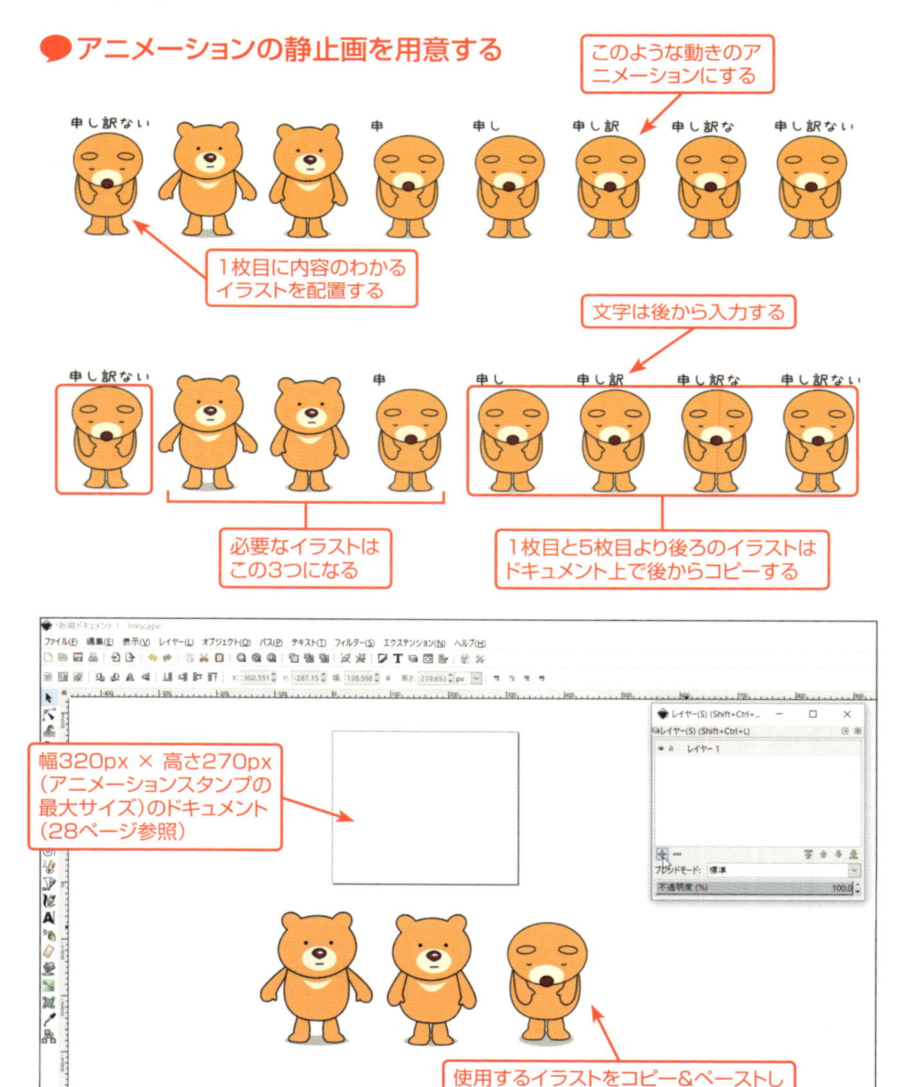
このような動きのアニメーションにする
申し訳ない
申
申し
申し訳
申し訳な
申し訳ない
1枚目に内容のわかるイラストを配置する
文字は後から入力する
申し訳ない
申
申し
申し訳
申し訳な
申し訳ない
必要なイラストはこの3つになる
1枚目と5枚目より後ろのイラストはドキュメント上で後からコピーする
幅320px × 高さ270px（アニメーションスタンプの最大サイズ）のドキュメント（28ページ参照）
使用するイラストをコピー&ペーストして配置し、それぞれグループ化する（55～56ページ参照）

PNG画像に書き出すイラストの配置

各イラストをドキュメントに配置してそれぞれ別のレイヤーに移動します。

1 レイヤーの作成

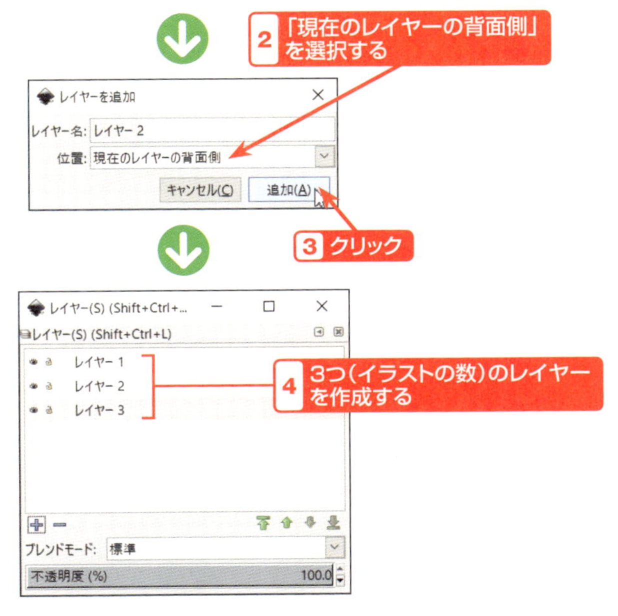

2 イラストをドキュメントとレイヤーに配置

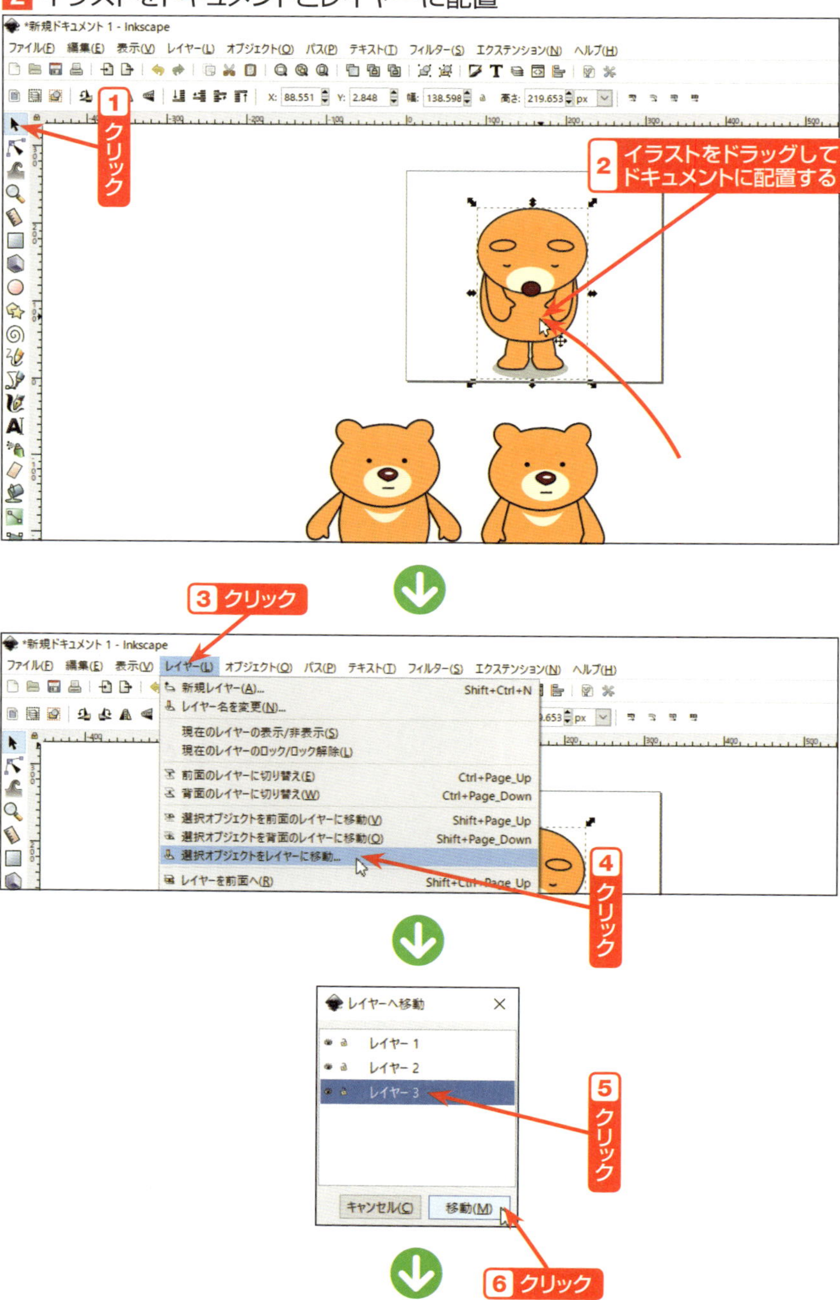

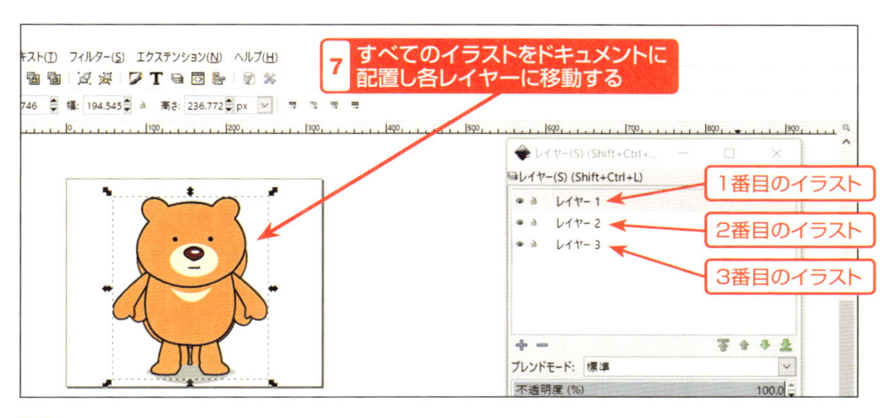

3 レイヤー3のイラストの表示

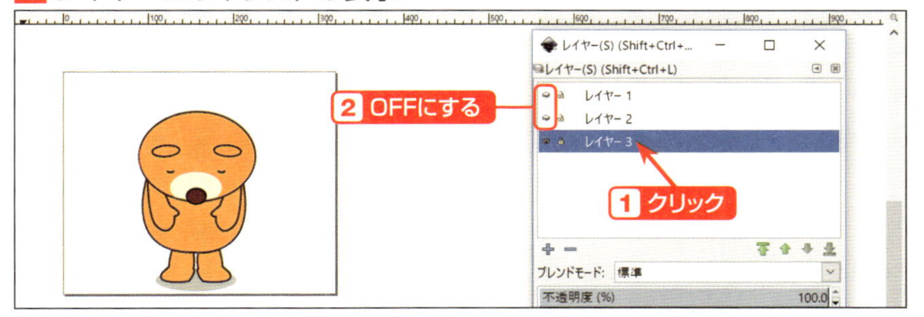

4 文字の入力

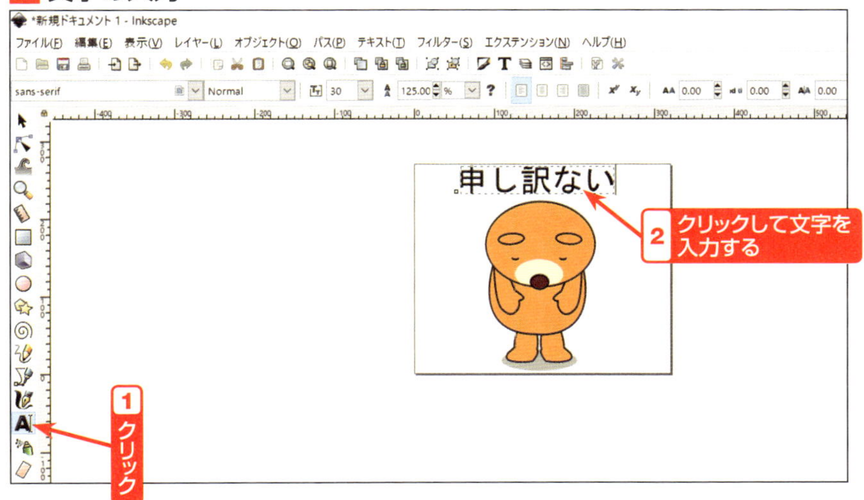

*新規ドキュメント 1 - Inkscape
ファイル(F) 編集(E) 表示(V) レイヤー(L) オブジェクト(O) パス(P) テキスト(T) フィルター(S) エクステンション(N) ヘルプ(H)
uzura_font
Normal
23.99
4 文字フォントとサイズを設定する
申し訳ない
3 ドラッグする

*新規ドキュメント 1 - Inkscape
ファイル(F) 編集(E) 表示(V) レイヤー(L) オブジェクト(O) パス(P) テキスト(T) フィルター(S) エクステンション(N) ヘルプ(H)
5 クリック
申し訳ない
6 ドラッグして位置を調整する

申し訳ない

5 [オブジェクトをパスへ(O)]コマンドの実行

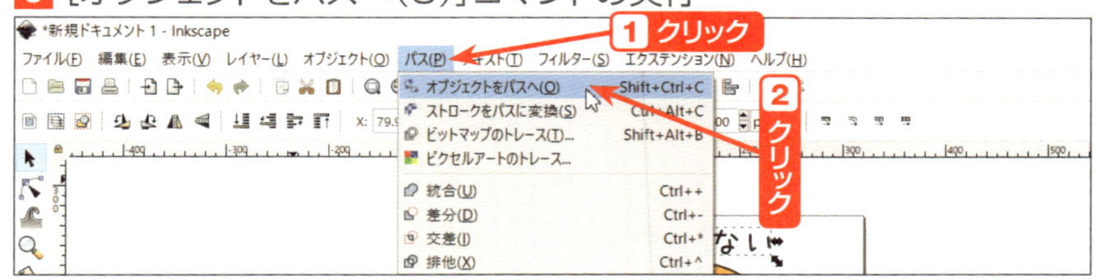

HINT

この操作で、文字列がパスに変換されます。

6 [グループ解除(U)]コマンドの実行

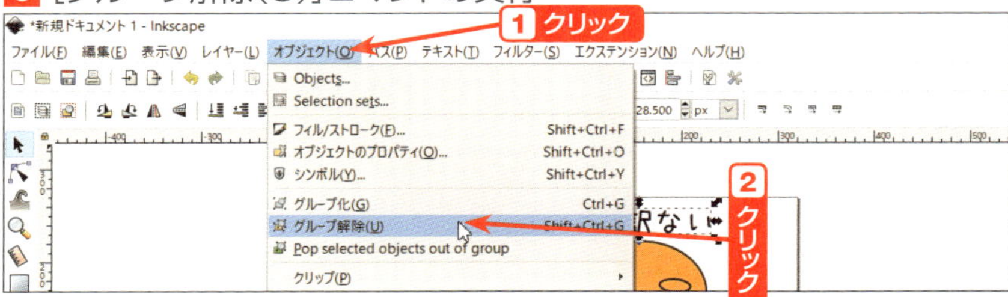

HINT

この操作で、文字列を1文字単位で扱えるようになります。

7 「レイヤー3」の複製

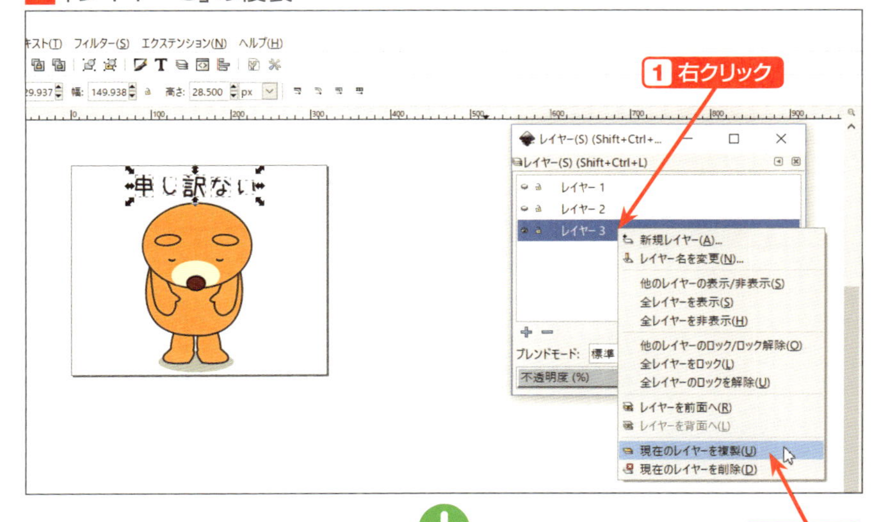

8 文字の削除

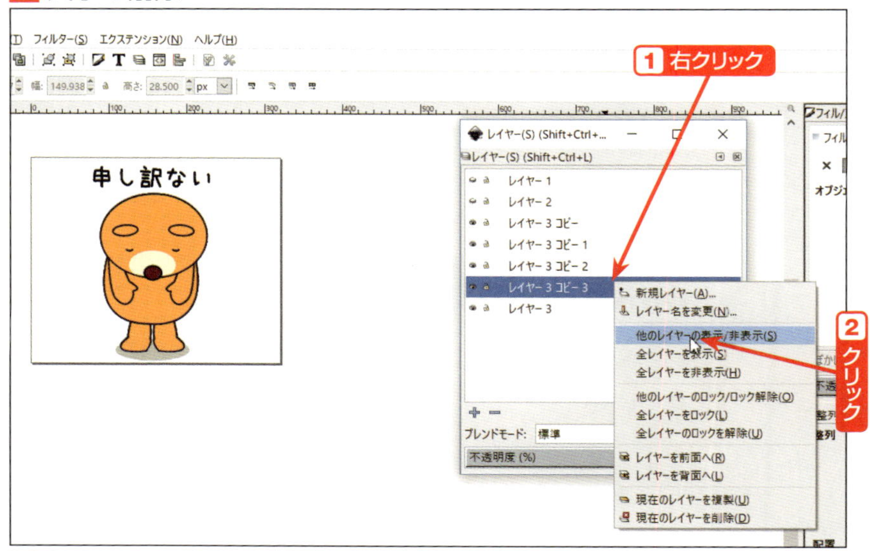

HINT
この操作で、「レイヤー3コピー3」のみが表示されます。

HINT

この操作の後、アニメーションの動きを確認し(59～61ページ参照)、ドキュメントの余白を削除して(62～64ページ参照)、各レイヤーのイラストをPNG画像に書き出します(65～66ページ参照)。

APNGに変換

「APNG Assembler」を起動して、書き出したイラストをもとにアニメーションを作成します。ここでは、次のようなアニメーションに変換することとします。

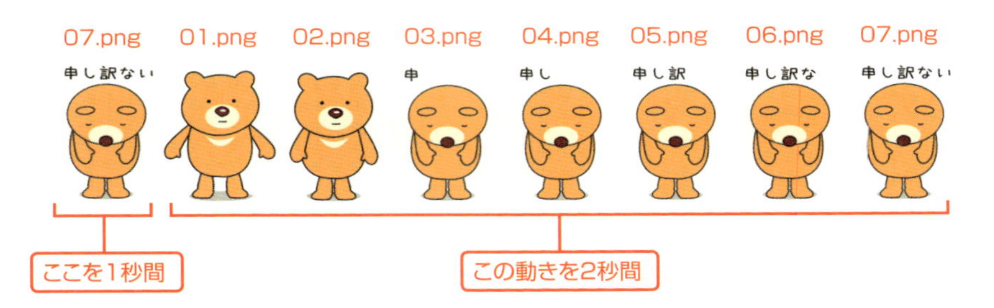

1 「APNG Assembler」の設定

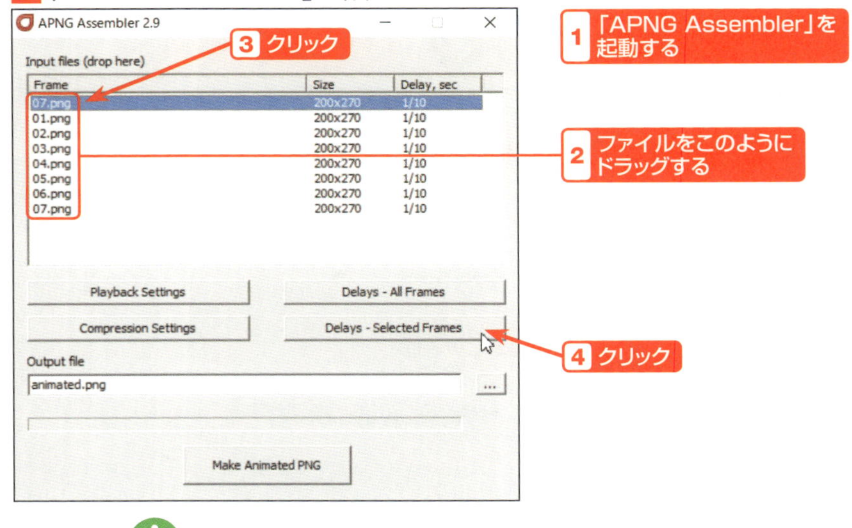

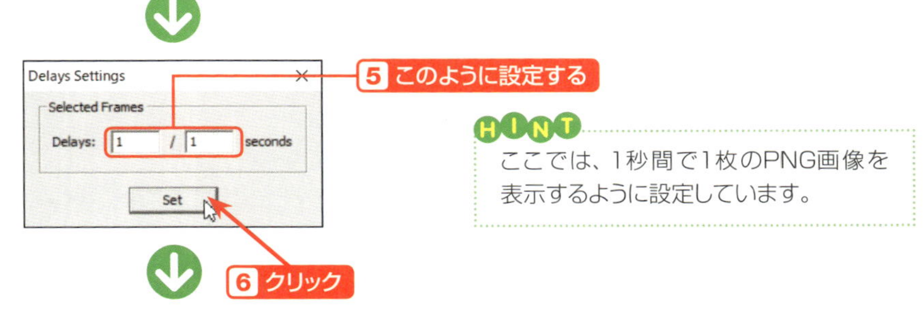

HINT
ここでは、1秒間で1枚のPNG画像を表示するように設定しています。

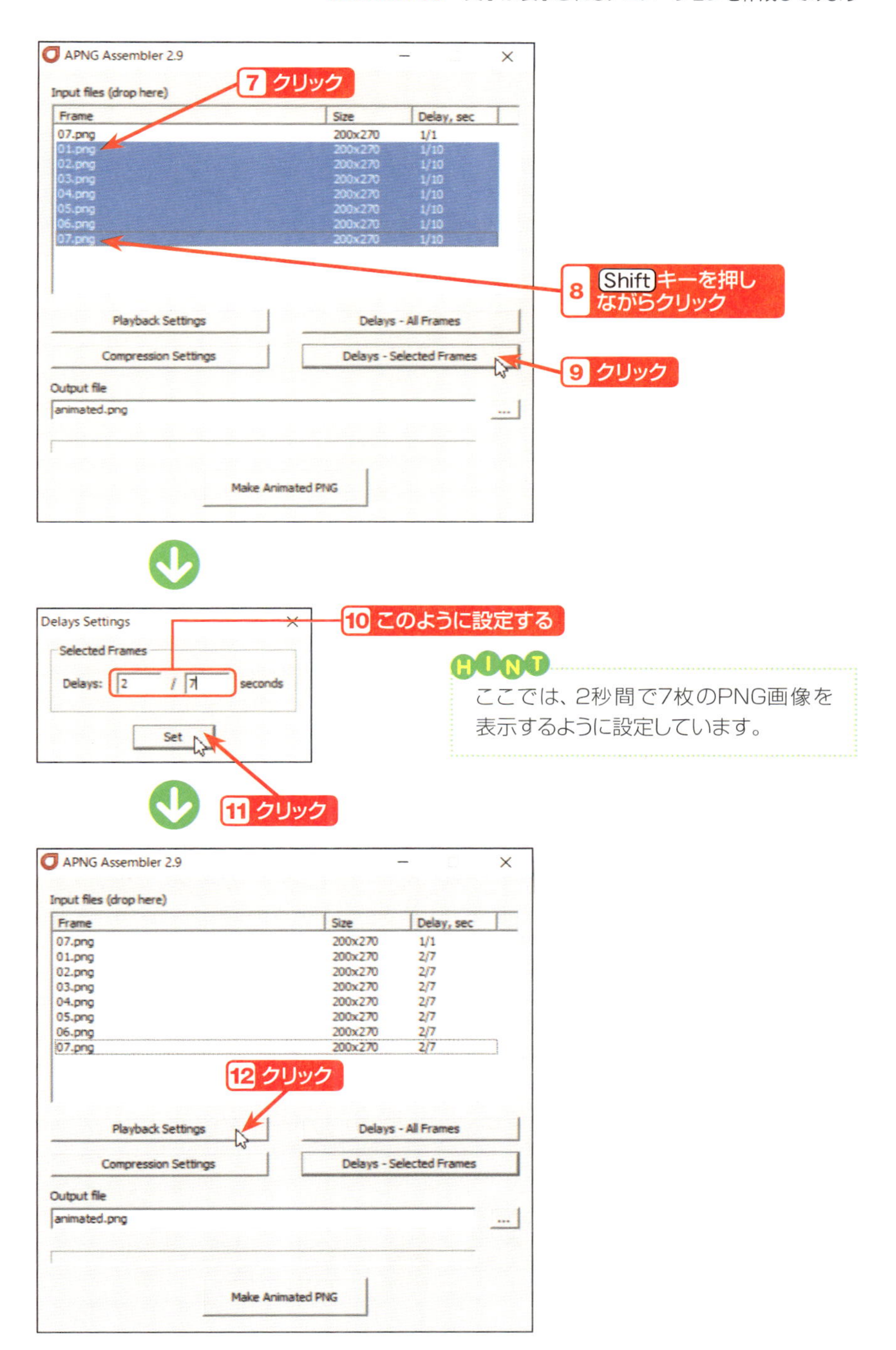

HINT

ここでは、2秒間で7枚のPNG画像を表示するように設定しています。

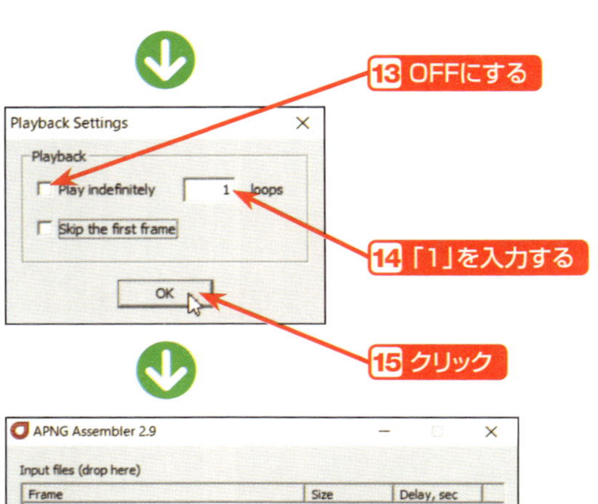

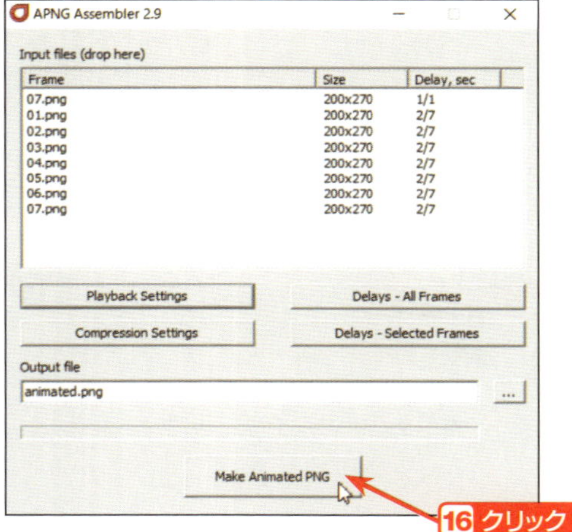

HINT

この操作の後、Firefoxで動作の確認を行います（71ページ参照）。

ONEPOINT 内容のわかるイラストを最初に持ってくる際の時間配分について

操作例のようにアニメーションの1枚目に内容のわかるイラストを持ってくる場合には、再生時間を次に続くアニメーションと同じ速さにしてしまうと、切り替わりが連続する絵ではないため、違和感が生じてしまいます。そのため、1枚目のイラストのみ、時間配分を多めに設定するとよいでしょう。

1枚目の内容のわかるイラストのみ再生時間を長くすることで2枚目以降のアニメーションと区別できる

SECTION
09

歩いてくるアニメーションを作成してみよう

交互に手と足を出す2つのイラストを横に移動しながら配置すると、歩いているような動きを表現することができます。ここでは、ドキュメントの右側から歩いて入ってくるアニメーションを作成する方法を説明します。

アニメーションの静止画を用意する

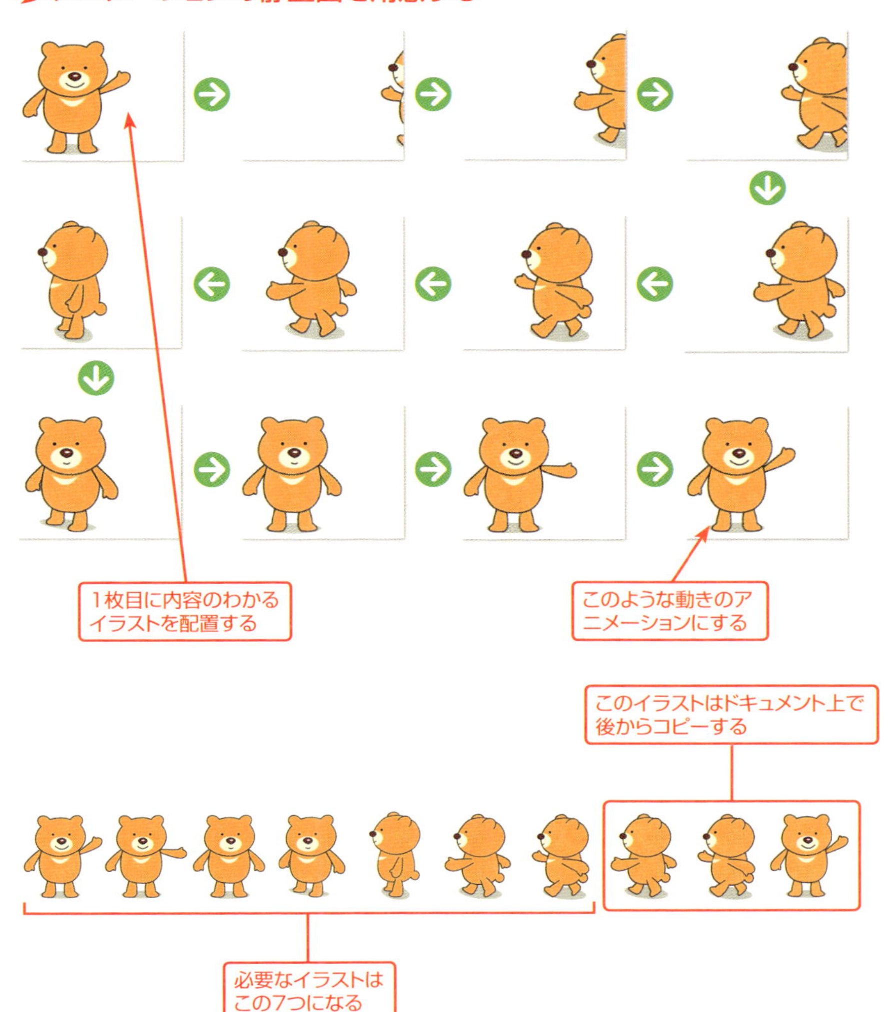
1枚目に内容のわかるイラストを配置する
このような動きのアニメーションにする
このイラストはドキュメント上で後からコピーする
必要なイラストはこの7つになる

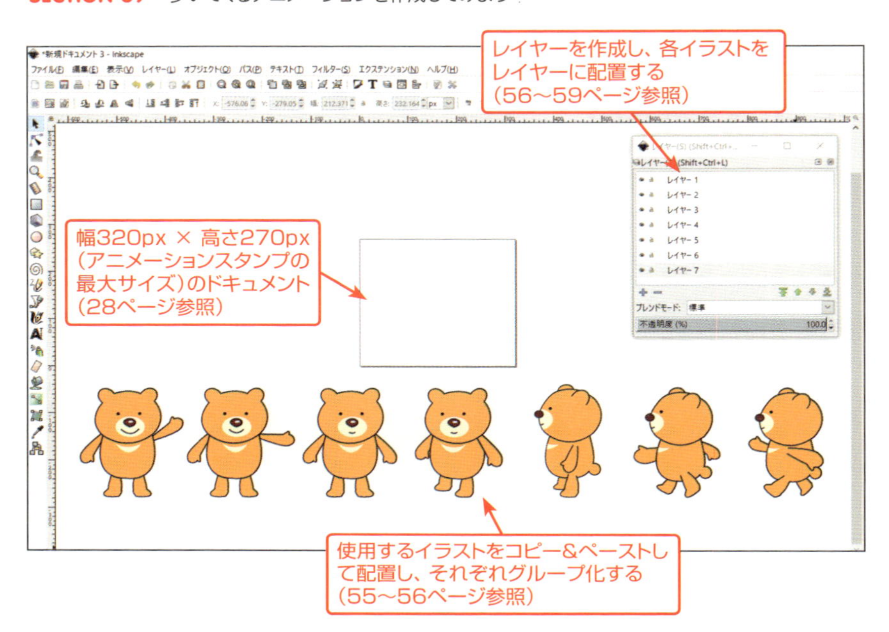
レイヤーを作成し、各イラストをレイヤーに配置する（56～59ページ参照）
幅320px × 高さ270px（アニメーションスタンプの最大サイズ）のドキュメント（28ページ参照）
使用するイラストをコピー＆ペーストして配置し、それぞれグループ化する（55～56ページ参照）

PNG画像に書き出すイラストの配置

各イラストをドキュメントに配置し、動きに合わせて位置を移動します。

1 イラストの配置

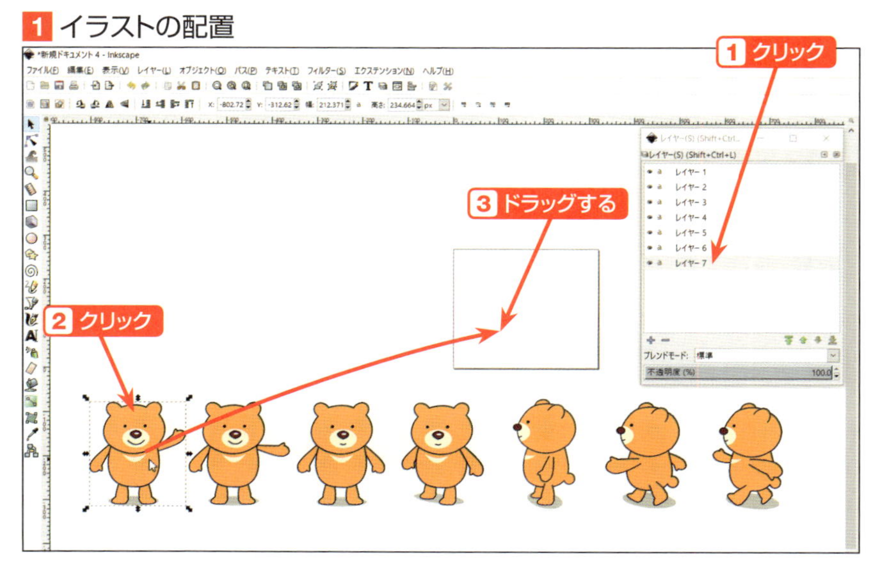
1 クリック
3 ドラッグする
2 クリック

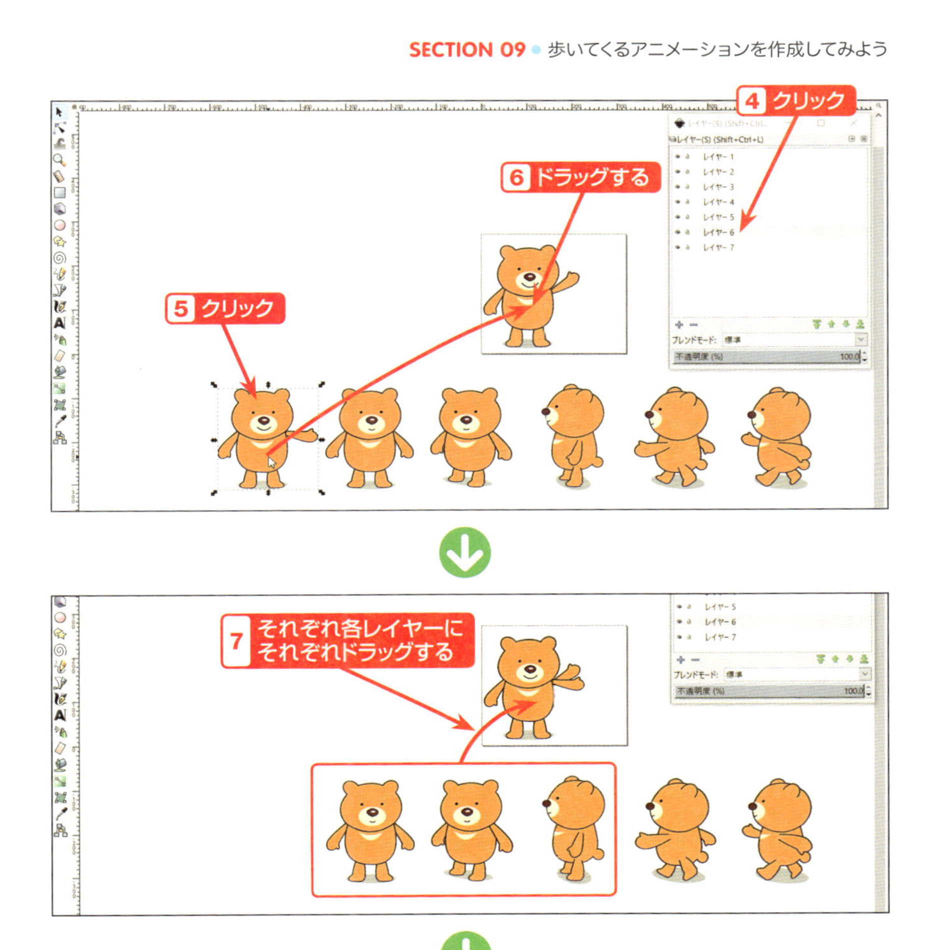

HINT

細かい配置位置は、矢印キーを使って調整するとよいでしょう。

2 移動してくるイラストの配置

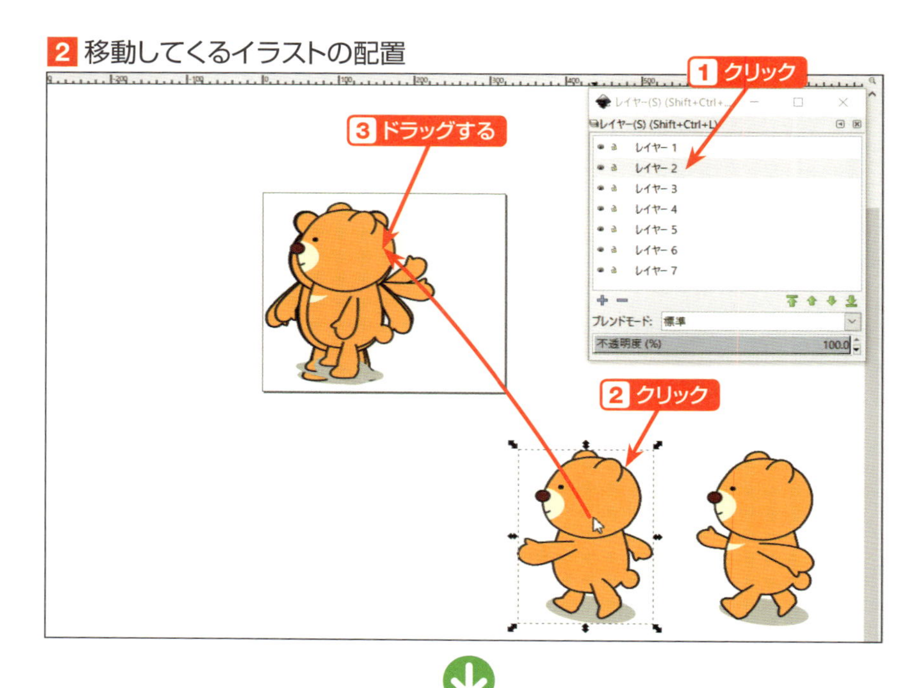

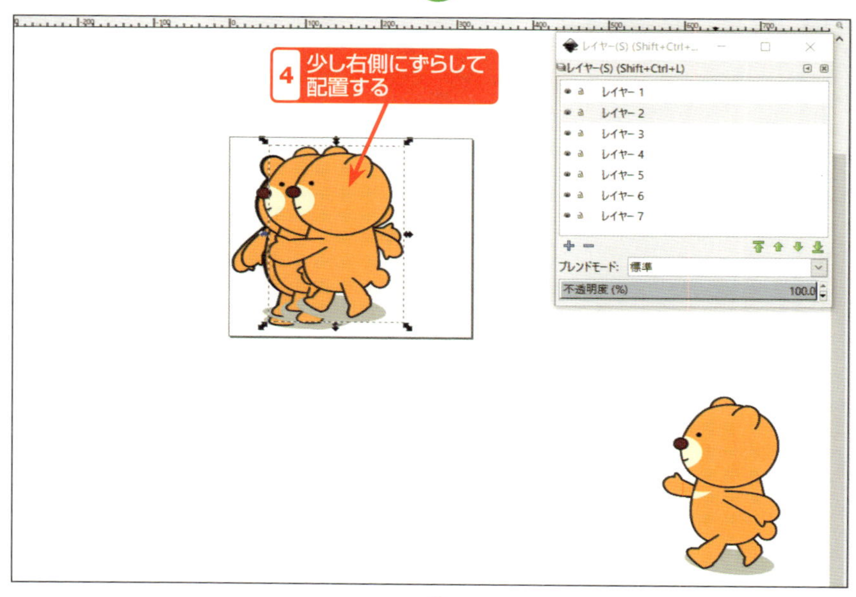

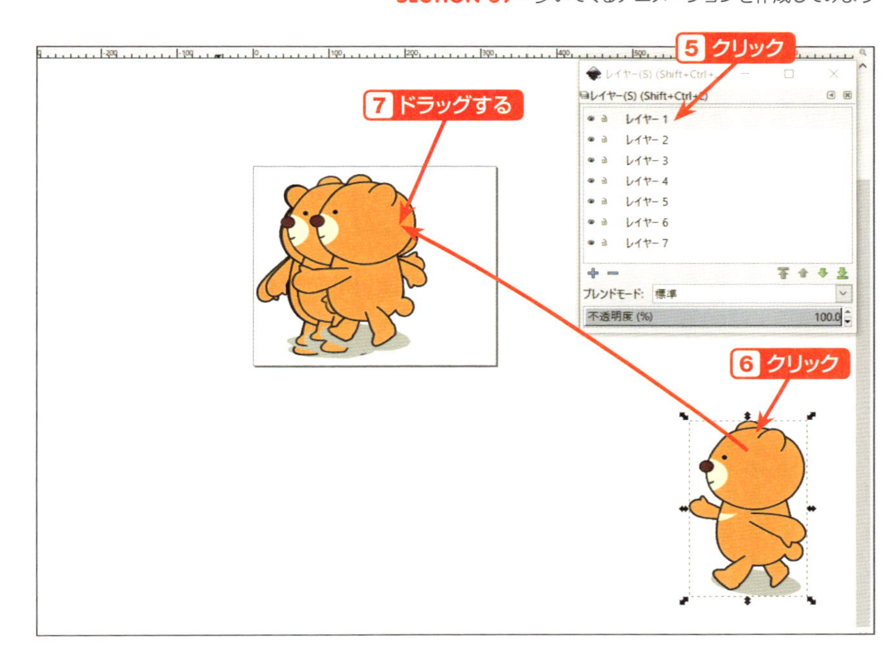
5 クリック
7 ドラッグする
6 クリック
レイヤー(S) (Shift+Ctrl+L)
レイヤー 1
レイヤー 2
レイヤー 3
レイヤー 4
レイヤー 5
レイヤー 6
レイヤー 7
ブレンドモード: 標準
不透明度 (%) 100.0

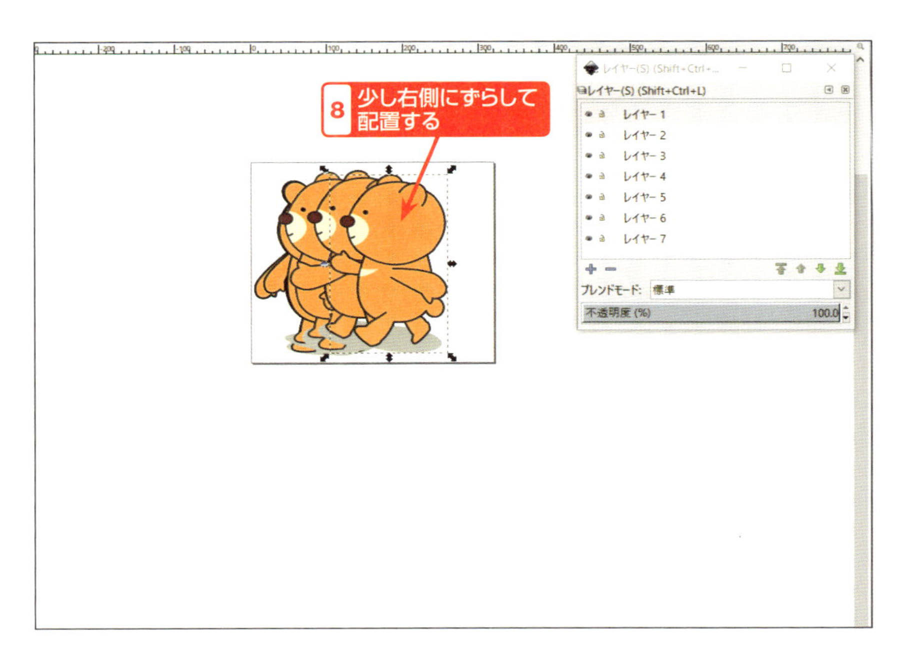
8 少し右側にずらして配置する
レイヤー(S) (Shift+Ctrl+L)
レイヤー 1
レイヤー 2
レイヤー 3
レイヤー 4
レイヤー 5
レイヤー 6
レイヤー 7
ブレンドモード: 標準
不透明度 (%) 100.0

3 レイヤーの複製と移動

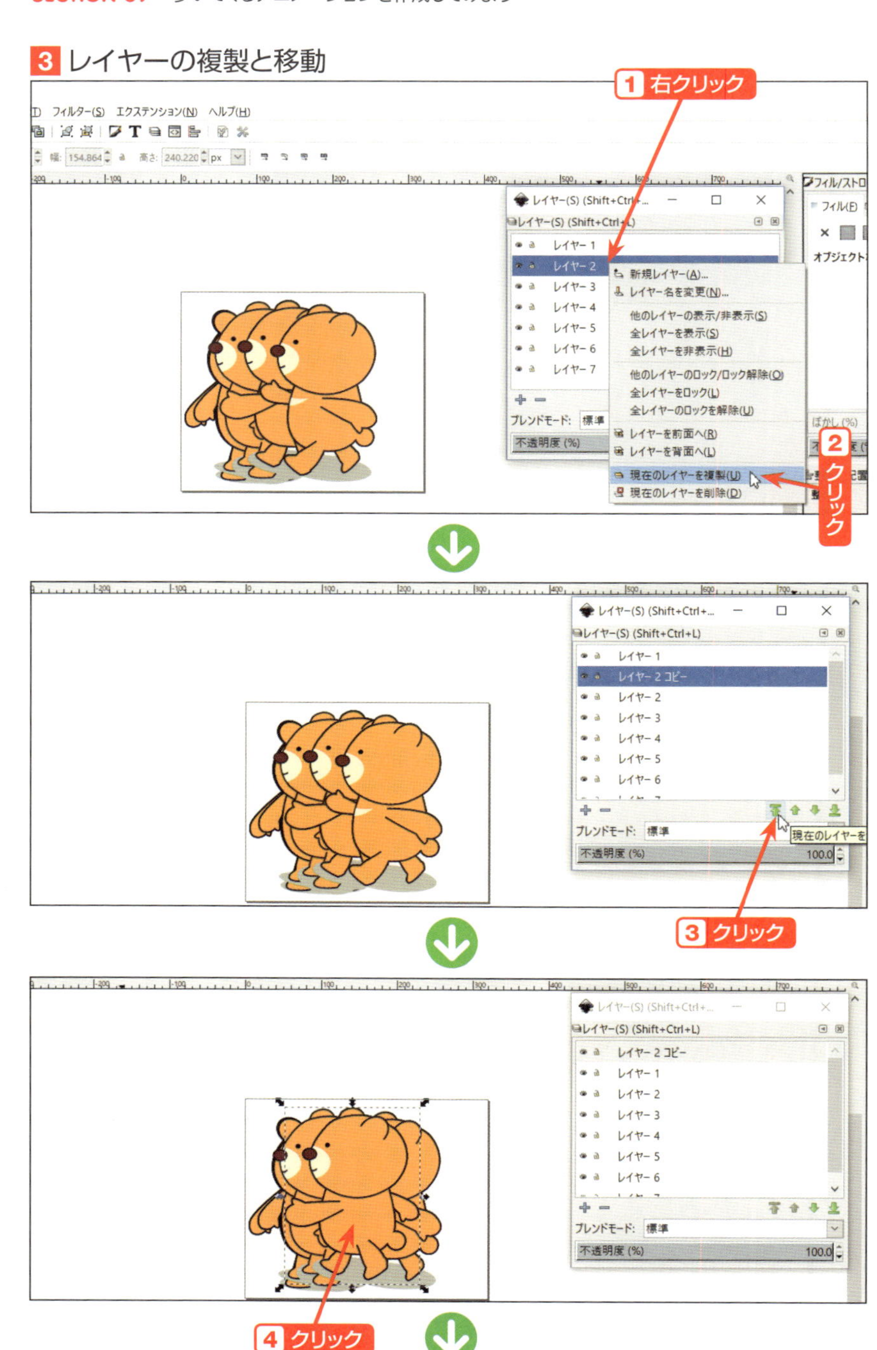

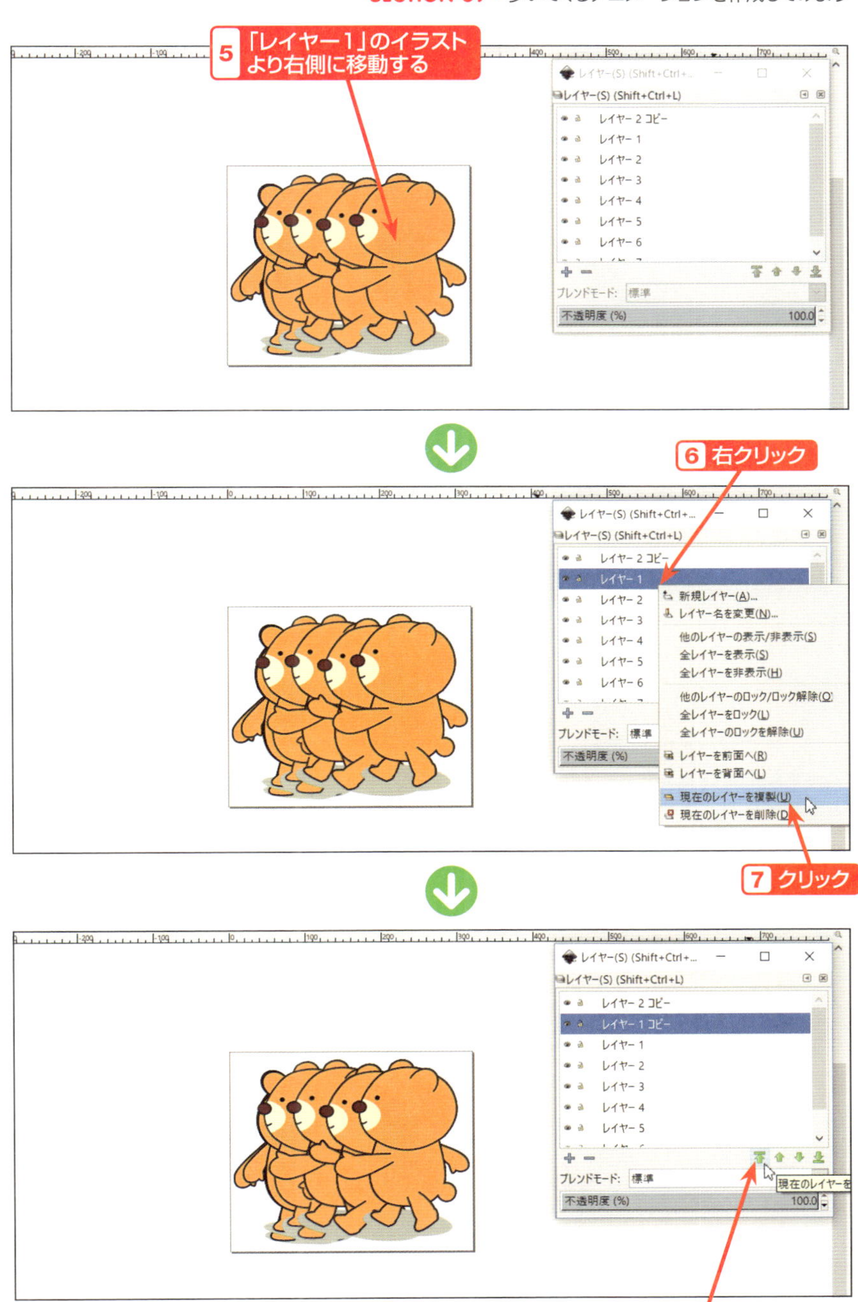
5 「レイヤー1」のイラストより右側に移動する
レイヤー(S) (Shift+Ctrl+L)
レイヤー 2 コピー
レイヤー 1
レイヤー 2
レイヤー 3
レイヤー 4
レイヤー 5
レイヤー 6
ブレンドモード: 標準
不透明度 (%) 100.0
6 右クリック
新規レイヤー(A)...
レイヤー名を変更(N)...
他のレイヤーの表示/非表示(S)
全レイヤーを表示(S)
全レイヤーを非表示(H)
他のレイヤーのロック/ロック解除(O)
全レイヤーをロック(L)
全レイヤーのロックを解除(U)
レイヤーを前面へ(R)
レイヤーを背面へ(L)
現在のレイヤーを複製(U)
現在のレイヤーを削除(D)
7 クリック
レイヤー 1 コピー
現在のレイヤーを
8 クリック

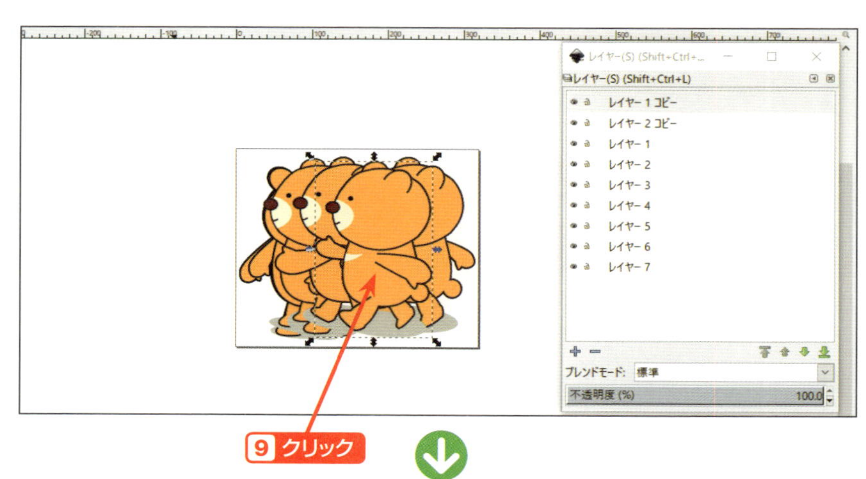

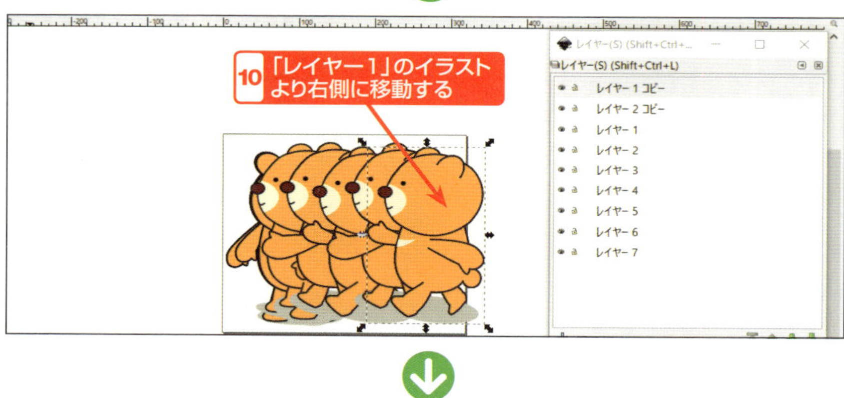

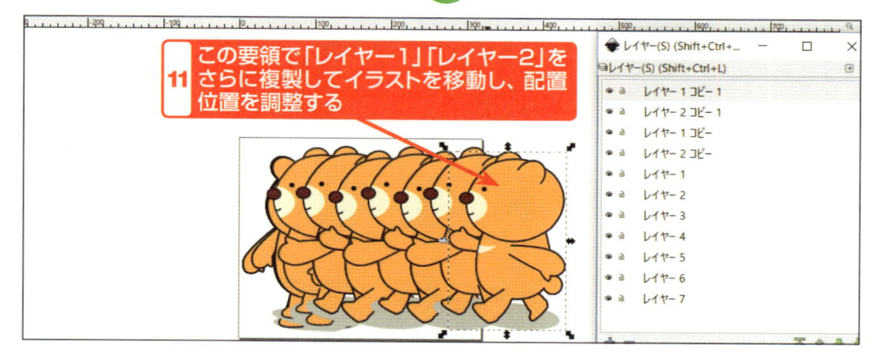

HINT

この操作の後、アニメーションの動きを確認し(59〜61ページ参照)、各レイヤーのイラストをPNG画像に書き出します(65〜66ページ参照)。

ONEPOINT
横から歩いて入ってくるアニメーションを自然に見せるコツ

手をふり足を前後して歩いてくるアニメーションは、操作例のように2つのイラストを交互に重ね、進行方向に少しずつずらして配置することで作成できます。このとき、それぞれのイラストは、上下の位置をずらして配置することがポイントです。この操作で、頭の位置がずれることで歩いている様子をより自然に表現することができます。

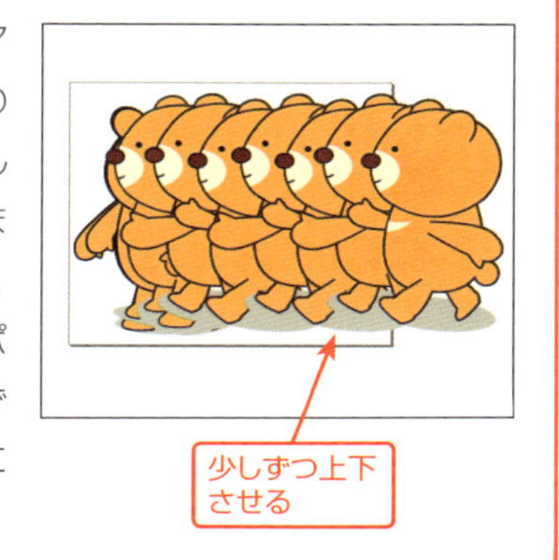

APNGに変換

「APNG Assembler」を起動して、書き出したイラストをもとにアニメーションを作成します。ここでは、次のようなアニメーションに変換することとします。

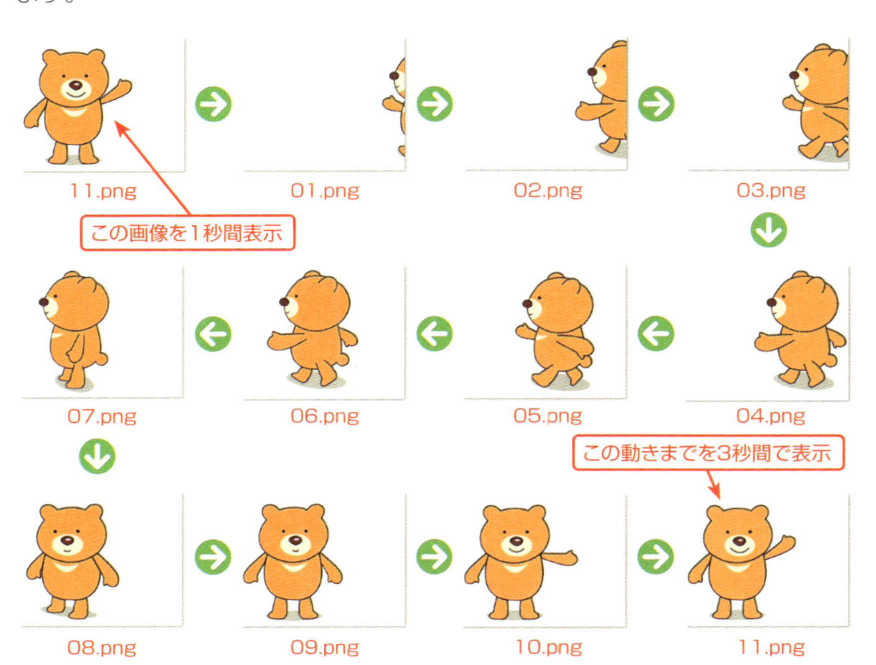

1 「APNG Assembler」の設定

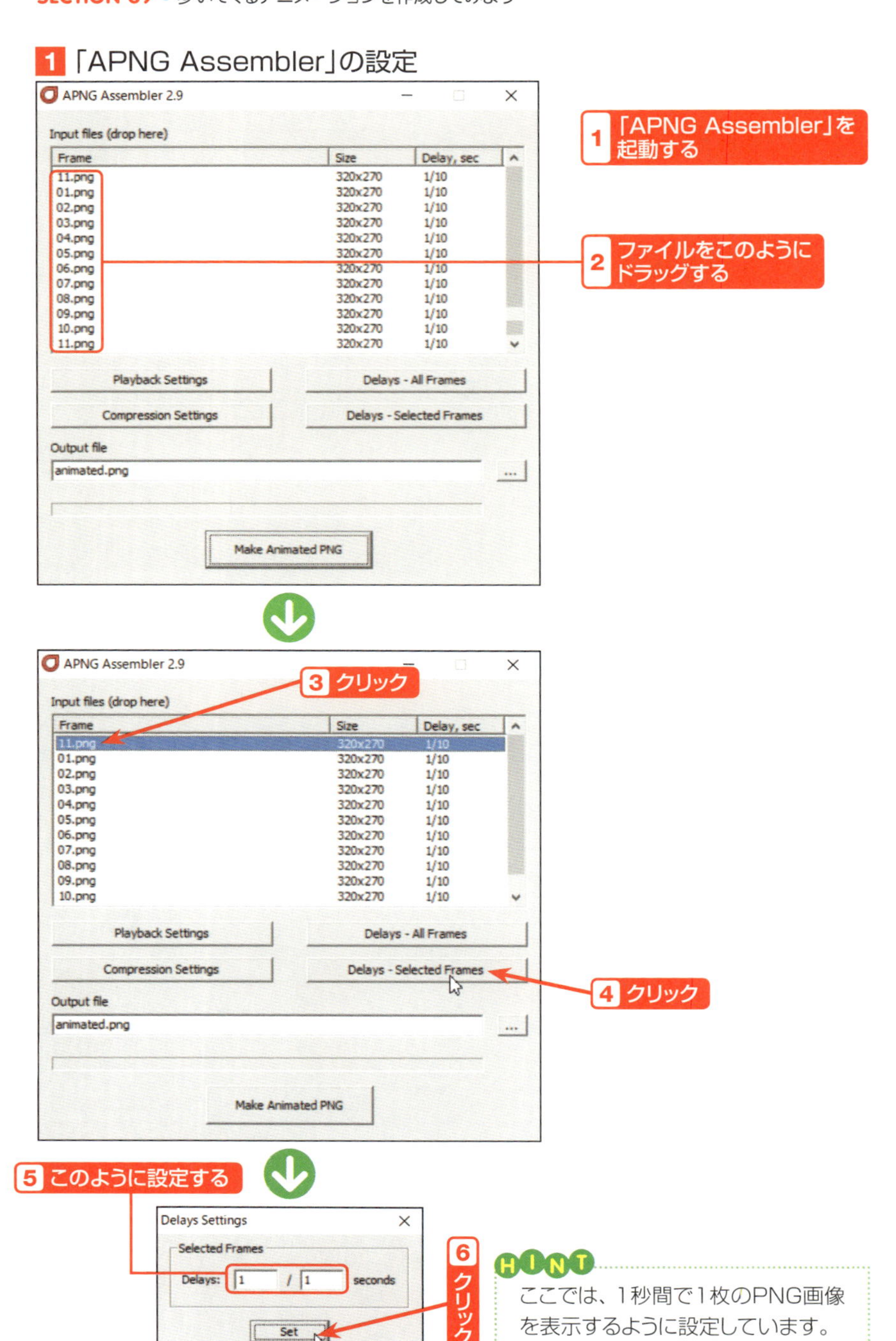

HINT
ここでは、1秒間で1枚のPNG画像を表示するように設定しています。

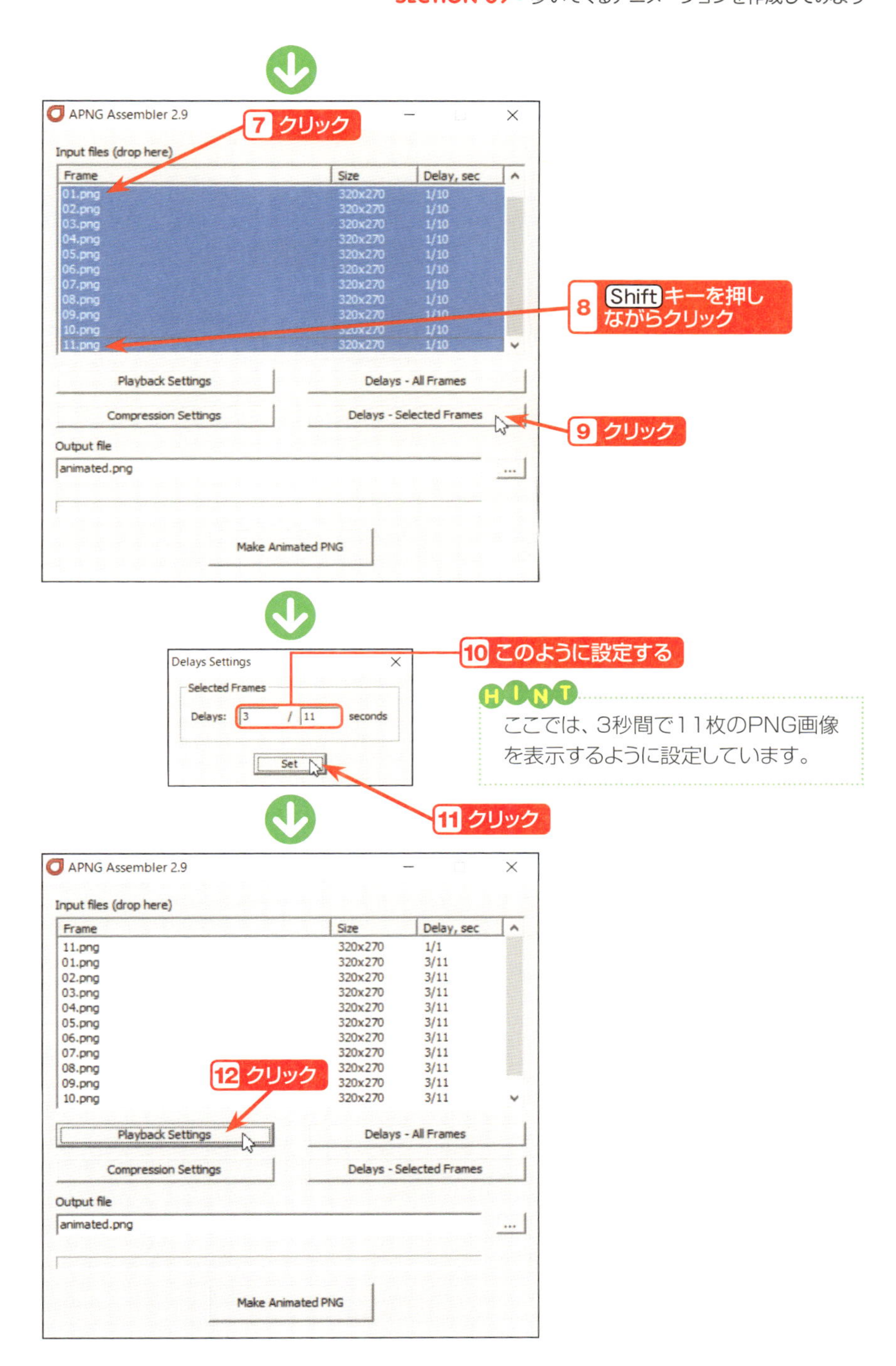

HINT

ここでは、3秒間で11枚のPNG画像を表示するように設定しています。

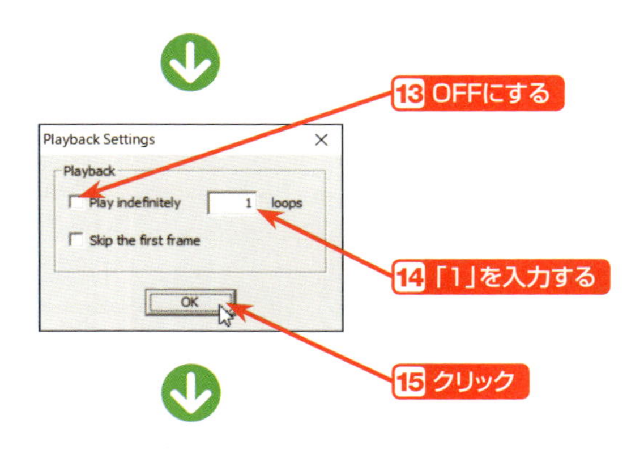

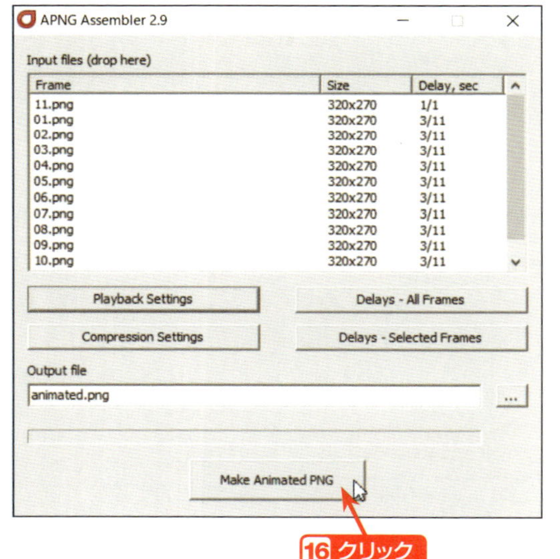

HINT

この操作の後、Firefoxで動作の確認を行います(71ページ参照)。

SECTION
10

小さくなって消えていくアニメーションを作成してみよう

交互に手と足を出す2つのイラストを徐々にサイズを小さくしながら配置すると、去って行くような動きを表現することができます。ここでは、後ろ向きで去って消えていくアニメーションを作成する方法を説明します。

アニメーションの静止画を用意する

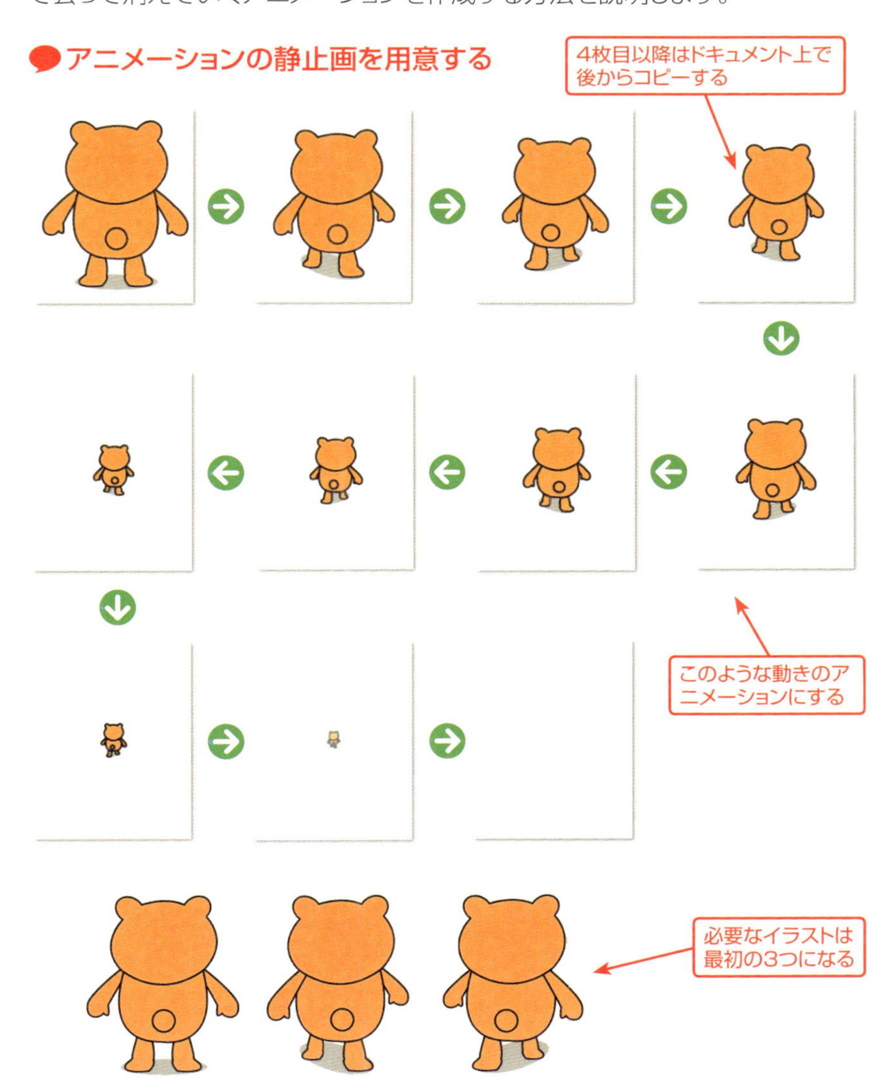
4枚目以降はドキュメント上で後からコピーする
このような動きのアニメーションにする
必要なイラストは最初の3つになる

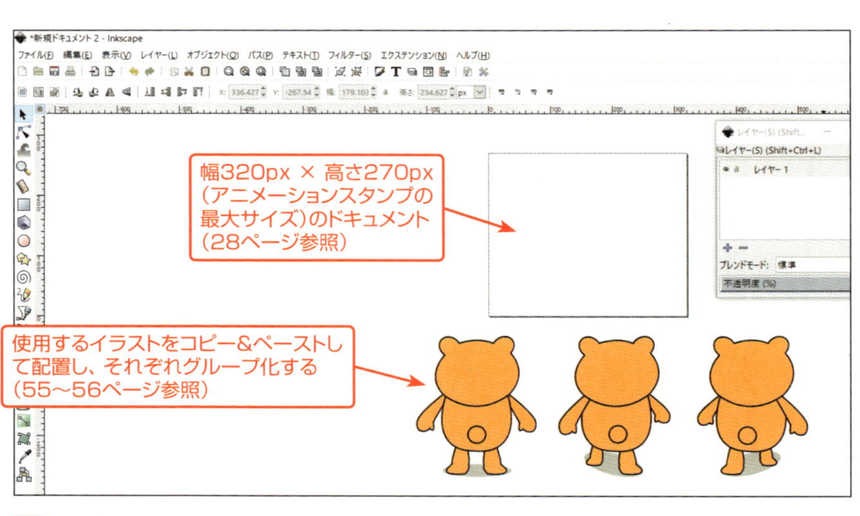

幅320px × 高さ270px
(アニメーションスタンプの
最大サイズ)のドキュメント
(28ページ参照)
使用するイラストをコピー&ペーストし
て配置し、それぞれグループ化する
(55〜56ページ参照)

1 オブジェクトのコピーと貼り付け

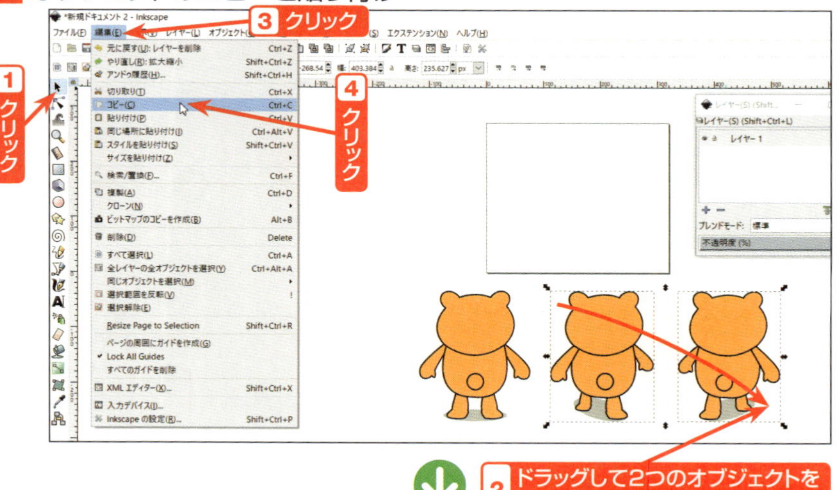

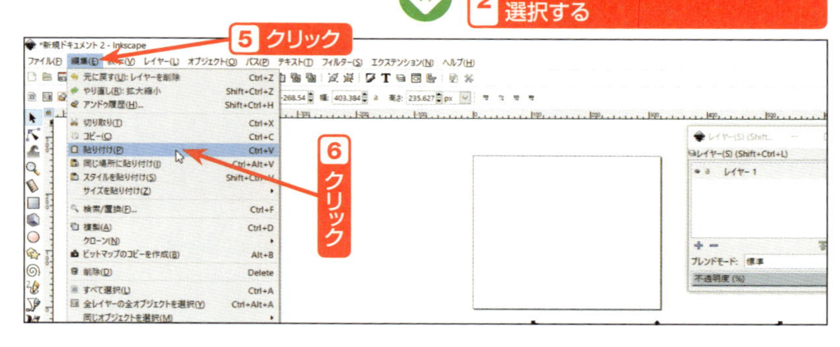

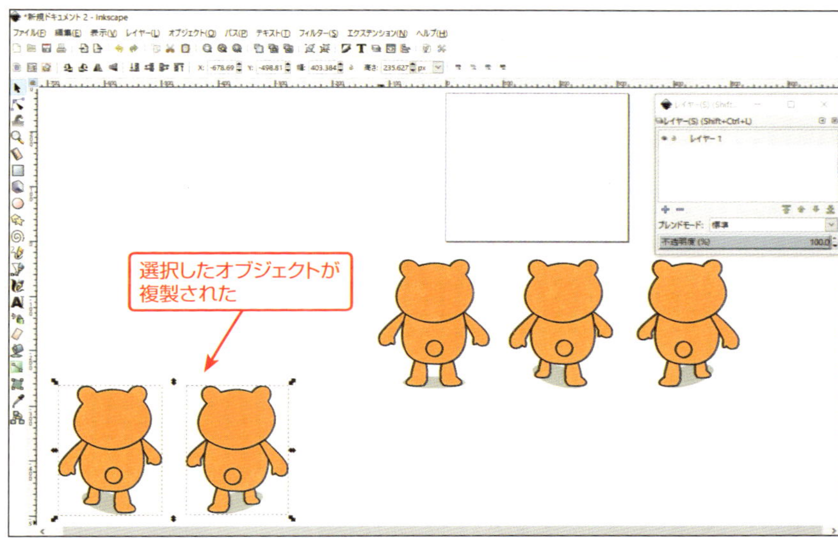
選択したオブジェクトが
複製された

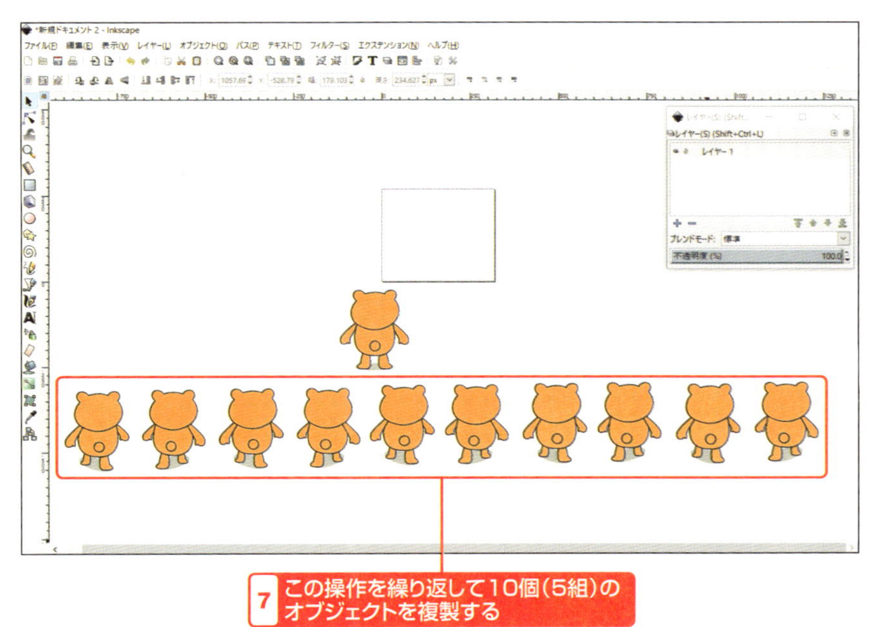
7 この操作を繰り返して10個(5組)の
オブジェクトを複製する

2 オブジェクトの縮小

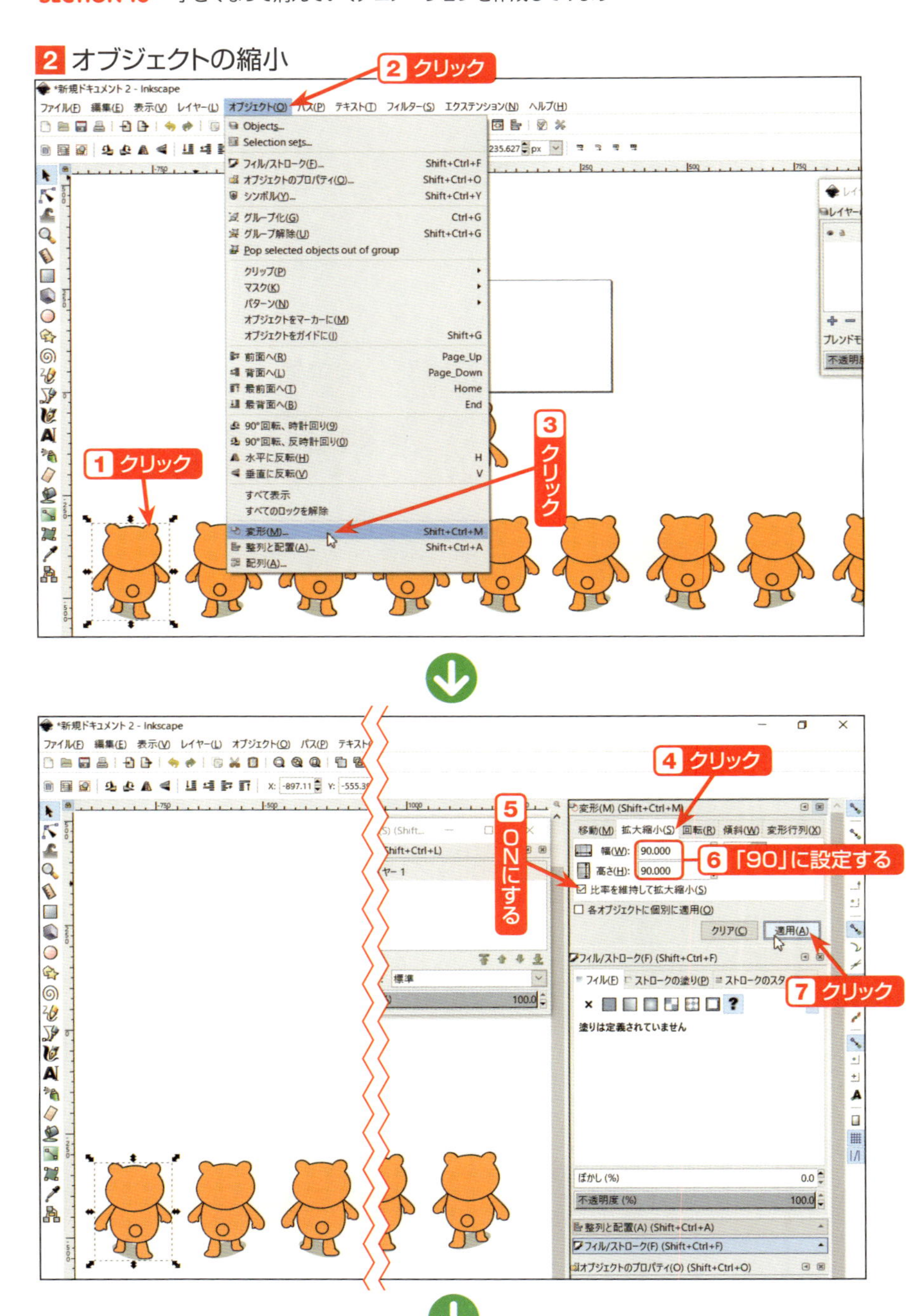

1 クリック
2 クリック
3 クリック
*新規ドキュメント 2 - Inkscape
ファイル(F) 編集(E) 表示(V) レイヤー(L) オブジェクト(O) パス(P) テキスト(T) フィルター(S) エクステンション(N) ヘルプ(H)
Objects...
Selection sets...
フィル/ストローク(F)... Shift+Ctrl+F
オブジェクトのプロパティ(O)... Shift+Ctrl+O
シンボル(Y)... Shift+Ctrl+Y
グループ化(G) Ctrl+G
グループ解除(U) Shift+Ctrl+G
Pop selected objects out of group
クリップ(P)
マスク(K)
パターン(N)
オブジェクトをマーカーに(M)
オブジェクトをガイドに(I) Shift+G
前面へ(R) Page_Up
背面へ(L) Page_Down
最前面へ(T) Home
最背面へ(B) End
90°回転、時計回り(9)
90°回転、反時計回り(0)
水平に反転(H) H
垂直に反転(V) V
すべて表示
すべてのロックを解除
変形(M)... Shift+Ctrl+M
整列と配置(A)... Shift+Ctrl+A
配列(A)...
4 クリック
5 ONにする
6 「90」に設定する
7 クリック
変形(M) (Shift+Ctrl+M)
移動(M) 拡大縮小(S) 回転(R) 傾斜(W) 変形行列(X)
幅(W): 90.000
高さ(H): 90.000
比率を維持して拡大縮小(S)
各オブジェクトに個別に適用(O)
クリア(C) 適用(A)
フィル/ストローク(F) (Shift+Ctrl+F)
フィル(F) ストロークの塗り(P) ストロークのスタ
塗りは定義されていません
ぼかし (%) 0.0
不透明度 (%) 100.0
整列と配置(A) (Shift+Ctrl+A)
フィル/ストローク(F) (Shift+Ctrl+F)
オブジェクトのプロパティ(O) (Shift+Ctrl+O)

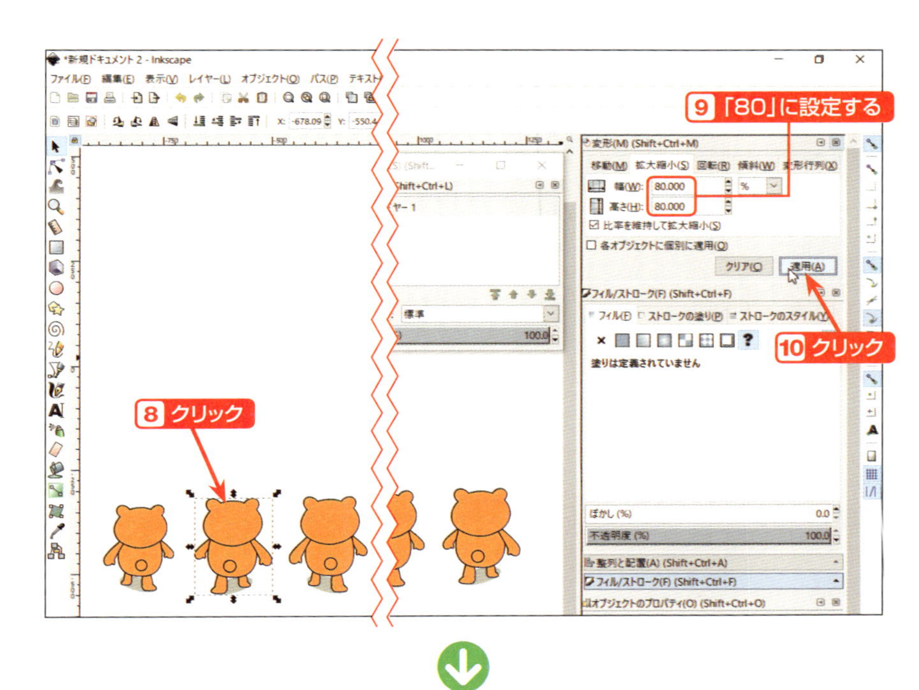
9 「80」に設定する
10 クリック
8 クリック

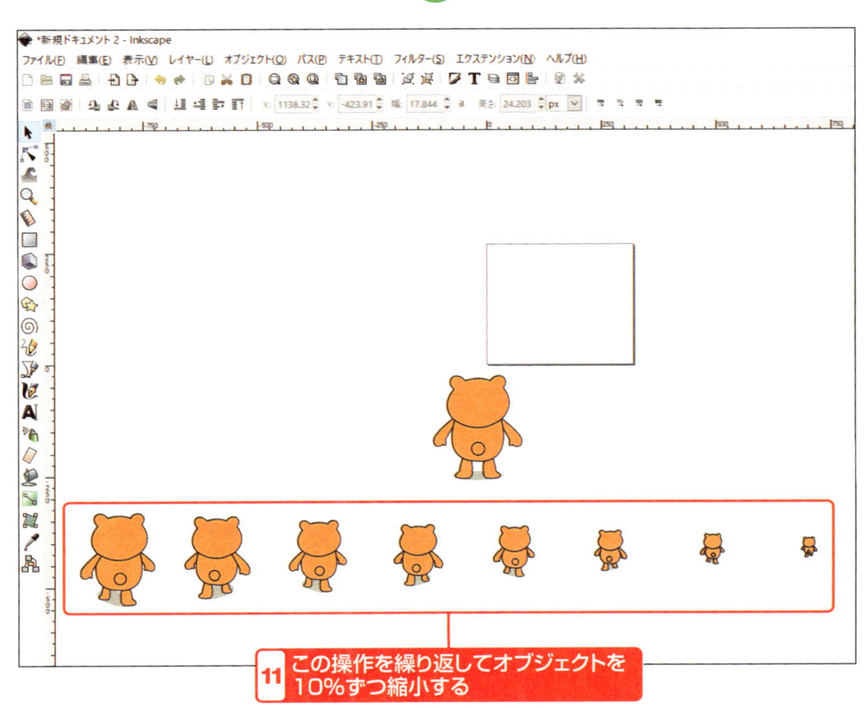
11 この操作を繰り返してオブジェクトを10%ずつ縮小する

3 レイヤーの作成とオブジェクトの配置

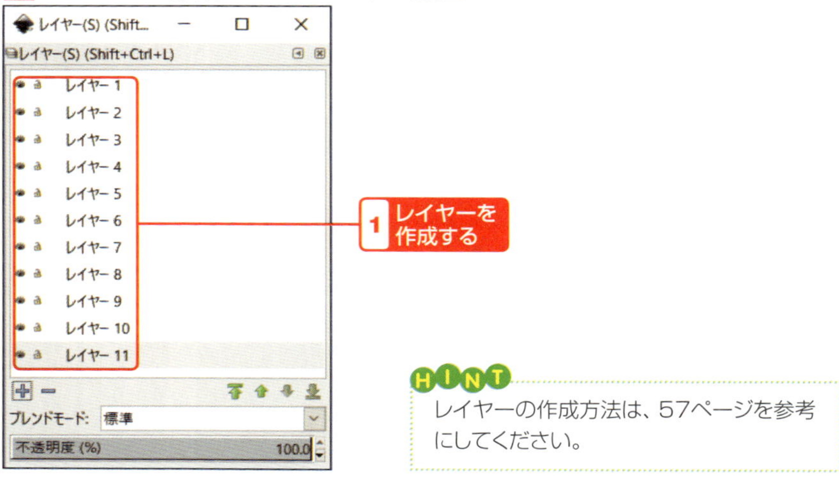

HINT
レイヤーの作成方法は、57ページを参考にしてください。

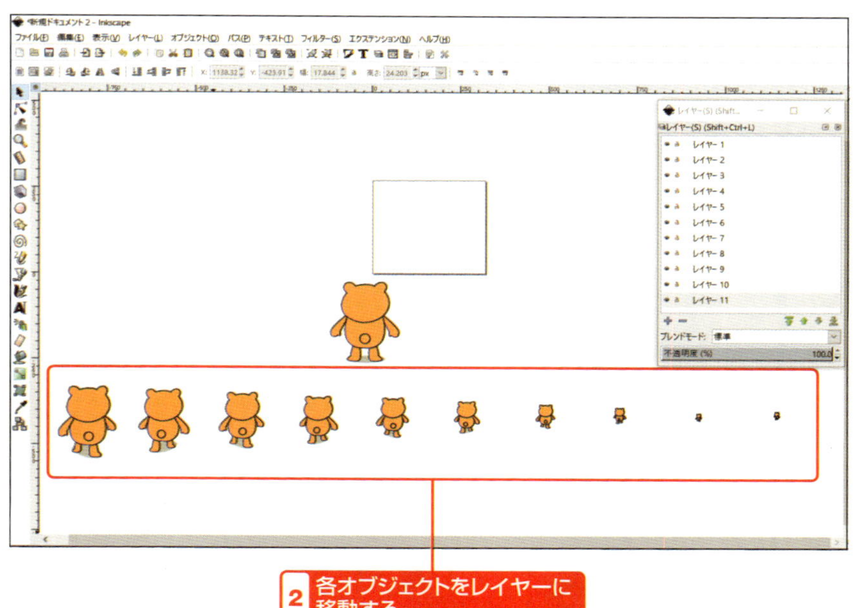

HINT
オブジェクトのレイヤーへの移動方法は、58ページを参考にしてください。

1
2
3
4
手書きの下絵をもとにスタンプを作成してみよう

4 [全レイヤーの全オブジェクトを選択(Y)]コマンドの実行

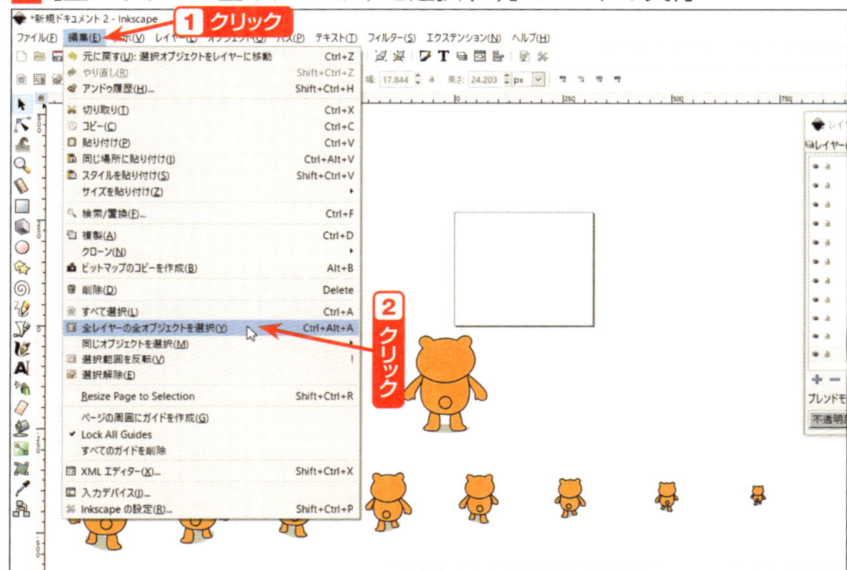

5 [整列と配置(A)]コマンドの選択

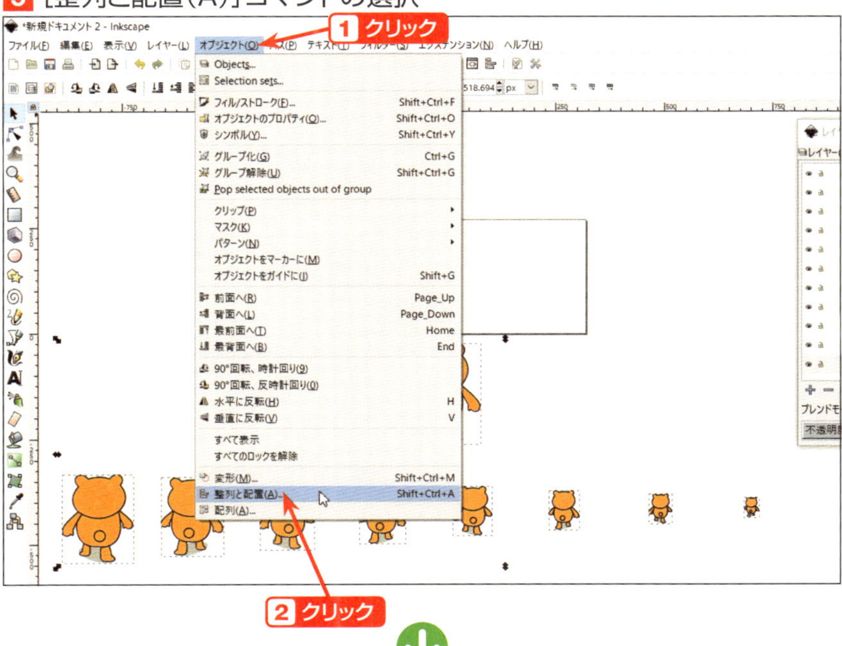

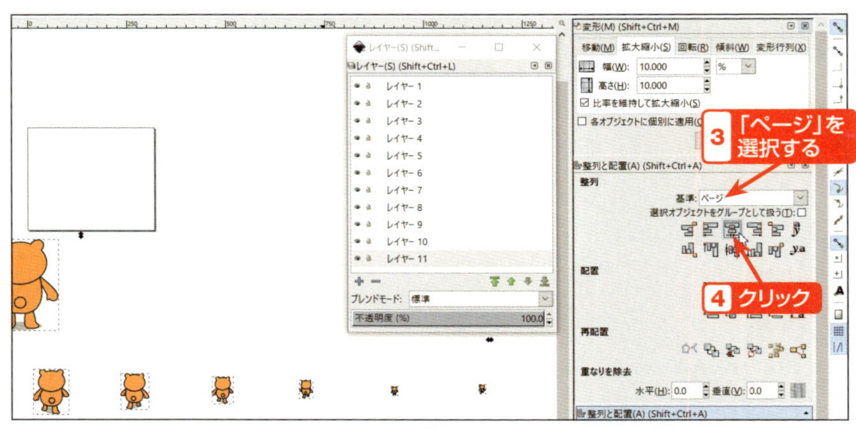

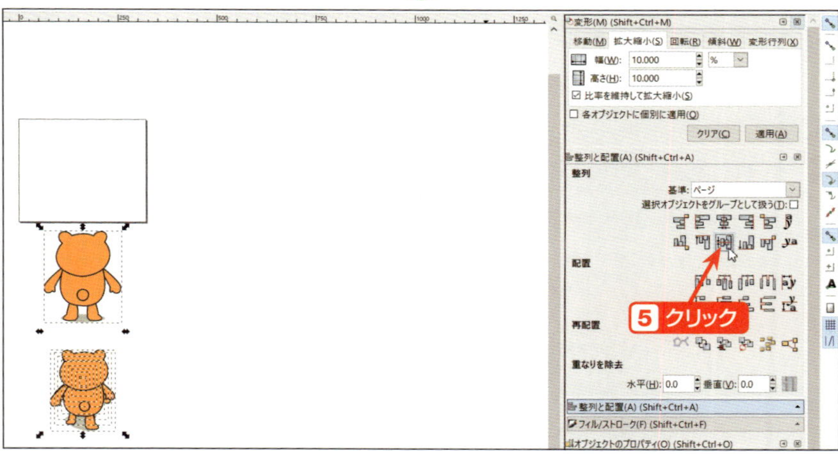

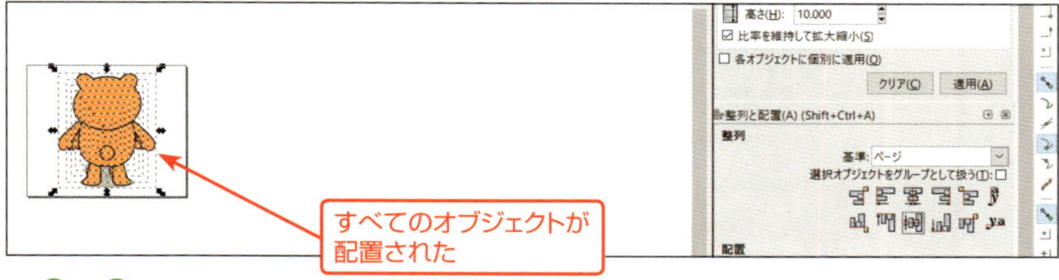

HINT

ここでは、「ページ」を基準として[中心を垂直軸に合わせる]と[水平軸の中心に揃える]を実行し、ページの中央にすべてのオブジェクトが配置されるように設定しています。

6 「レイヤー10」のイラストの不透明度の変更

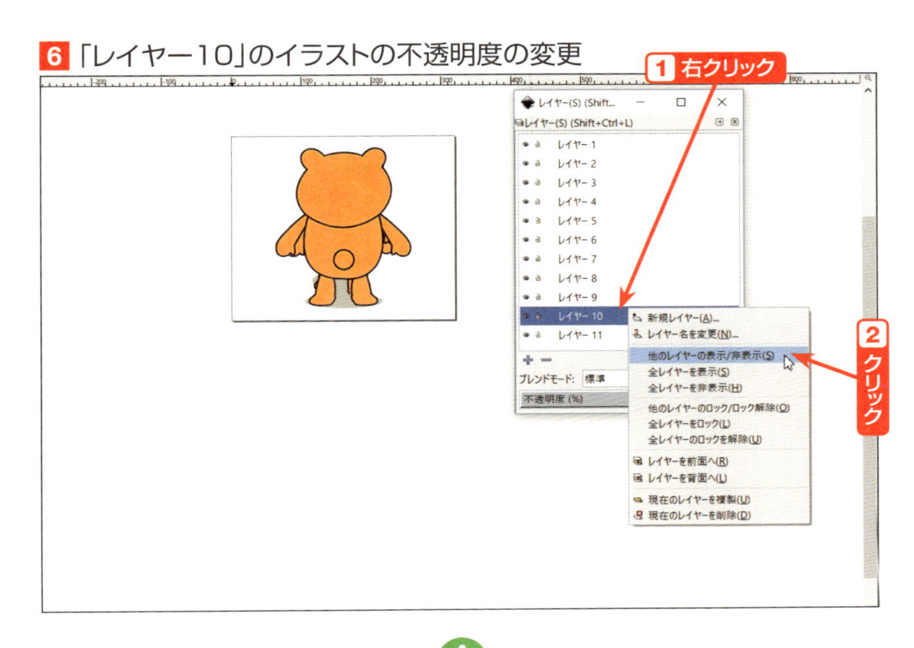

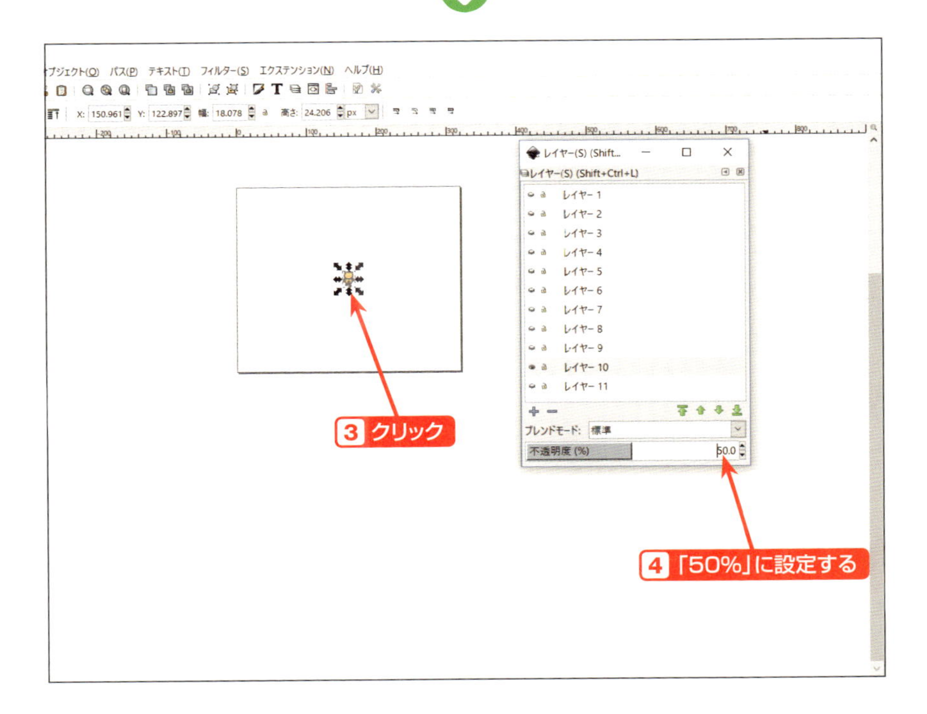

7 「レイヤー11」のイラストの不透明度の変更

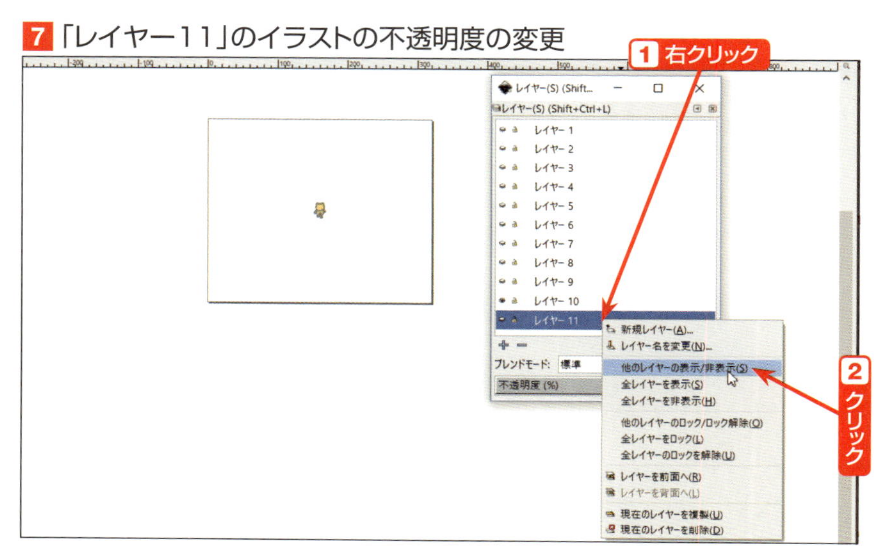

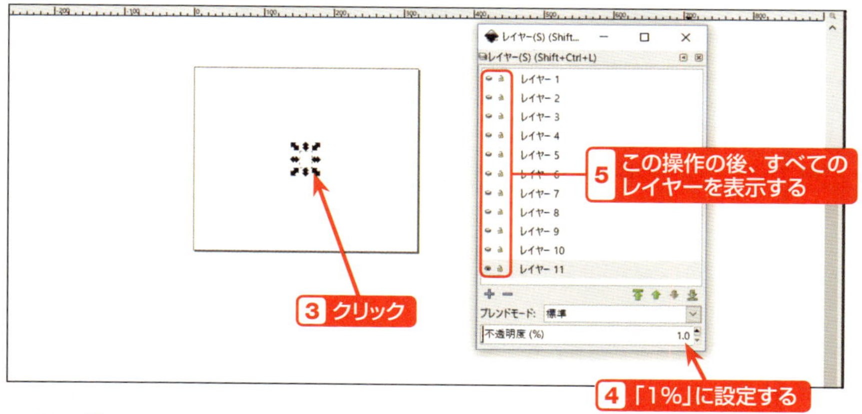

HINT

ここでは、段々薄くなり消えていくように表現するために、2つのオブジェクトの不透明度を変更しています。不透明度を「0%」に設定するとドキュメント上のオブジェクトが無い状態になってしまうため、「1%」に設定しています。

HINT

この操作の後、アニメーションの動きを確認し(59〜61ページ参照)、ドキュメントの余白を削除して(62〜64参照ページ)、各レイヤーのイラストをPNG画像に書き出します(65〜66ページ参照)。

APNGに変換

「APNG Assembler」を起動して、書き出したイラストをもとにアニメーションを作成します。ここでは、次のようなアニメーションに変換することとします。

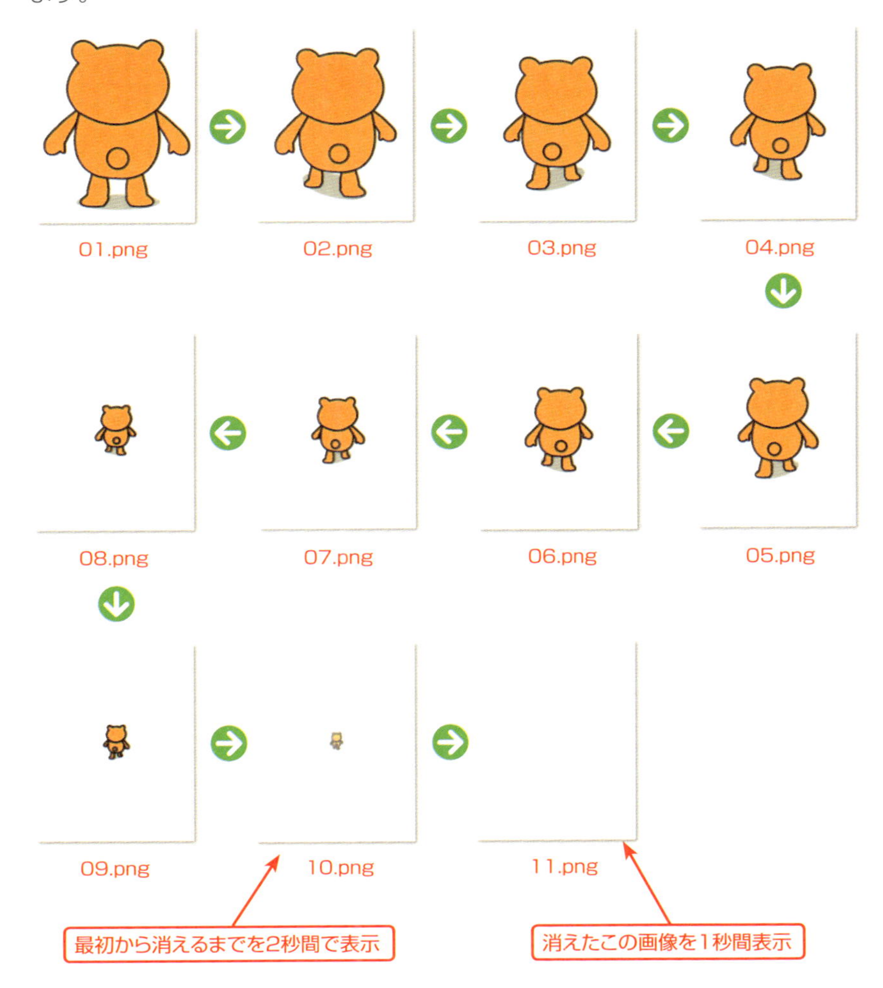

1 「APNG Assembler」の設定

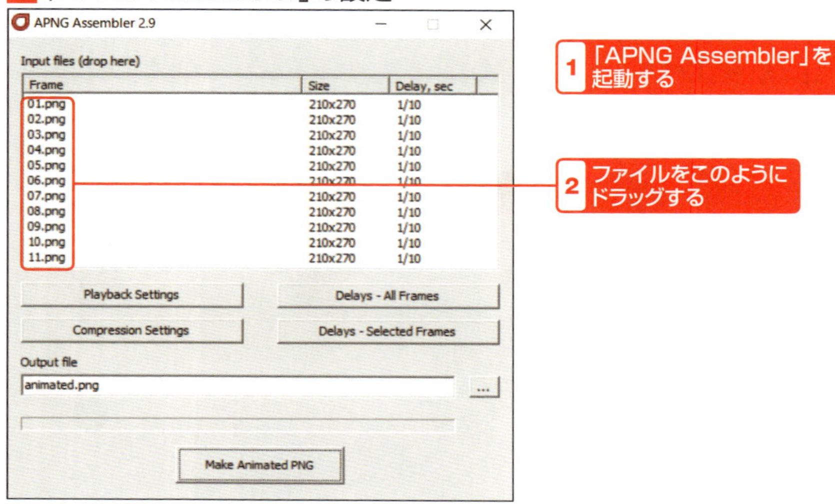

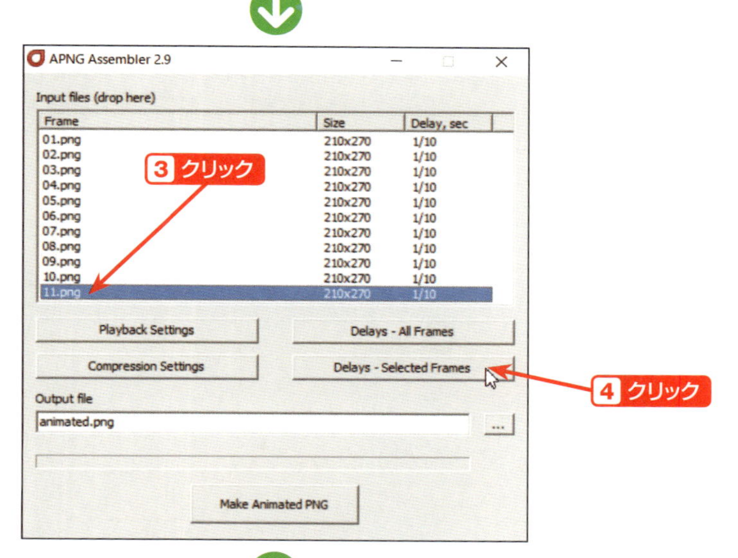

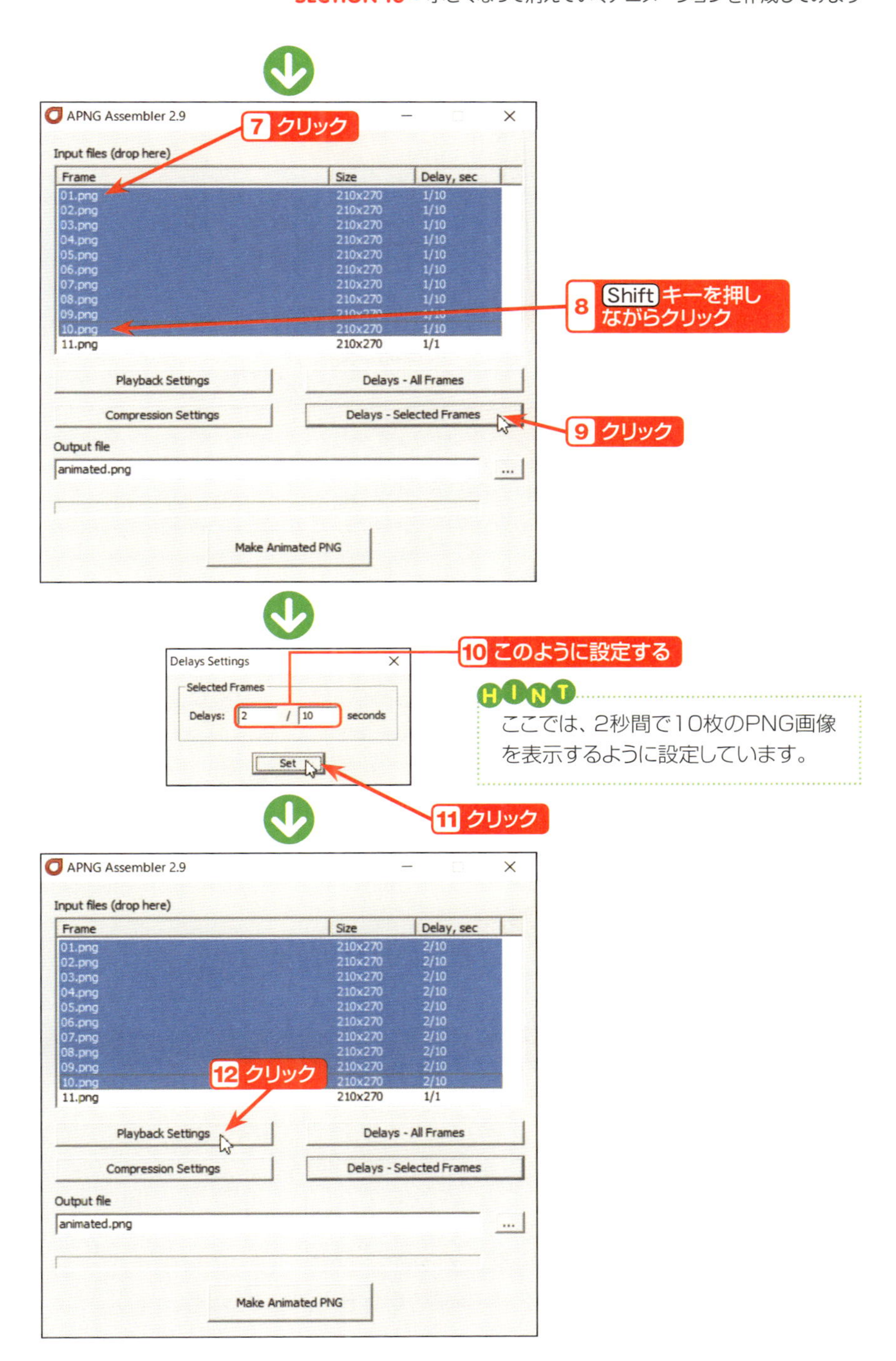

HINT
ここでは、2秒間で10枚のPNG画像を表示するように設定しています。

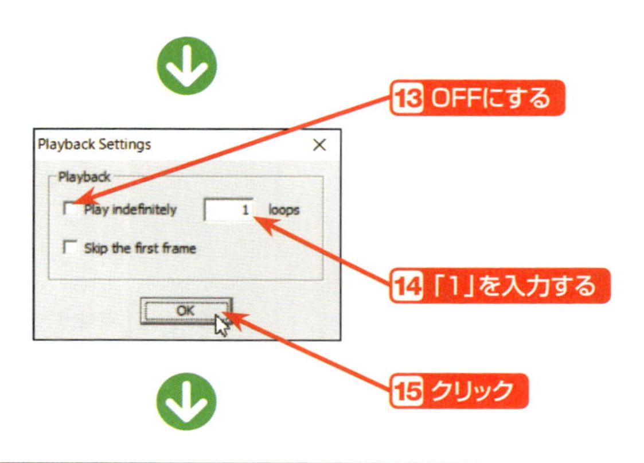

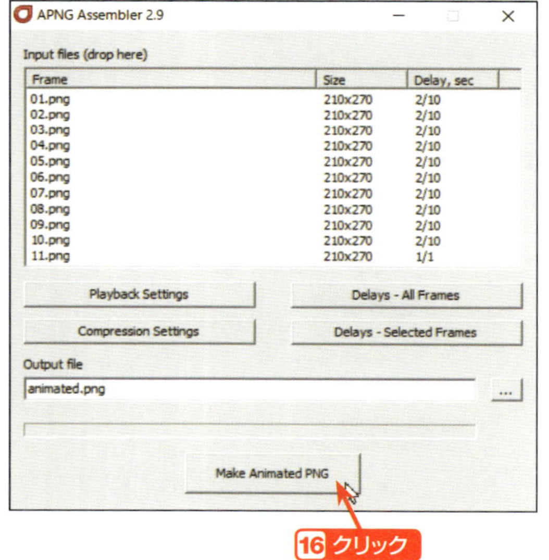

HINT

この操作の後、Firefoxで動作の確認を行います（71ページ参照）。

ONEPOINT

1枚目のイラストと最後のイラストが違う際の時間配分について

LINEのトーク画面でアニメーションスタンプを表示すると、アニメーションが再生された直後に1枚目が表示され停止します。そのため、操作例のように最後と1枚目のイラストの内容が異なる場合に、すべてのPNG画像の再生時間を同じにしてしまうと、1枚目がアニメーションの最後のように表示されてしまいます。そのような場合には、最後のイラストのみ、時間配分を多めに設定し余韻を持たせるとよいでしょう。

CHAPTER

アニメーション作成ソフトを使ってスタンプを作成してみよう

アニメーション作成ソフトにイラストを読み込んでみよう

ここでは、本書で利用するフリーのアニメーション作成ソフト「9VAe（きゅうべえ）」で、アニメーションスタンプを作成するための基本操作について説明します。

9VAeに読み込むイラストの用意

9VAeでは、他のグラフィックソフトで作成したイラストを読み込んで利用することができます。ここでは、CHAPTER 2で作成したイラストを、9VAeで利用できるファイル形式に変換してみましょう。

※ここでは、Inkscapeで操作を行うこととします。

1 イラストの作成

HINT

ここでは、ドキュメントのサイズを幅320px × 高さ270pxに設定してイラストを作成しています（28ページ参照）。

1
2
3
4
アニメーションソフトを使ってスタンプを作成してみよう

2 [名前を付けて保存(A)]コマンドの実行

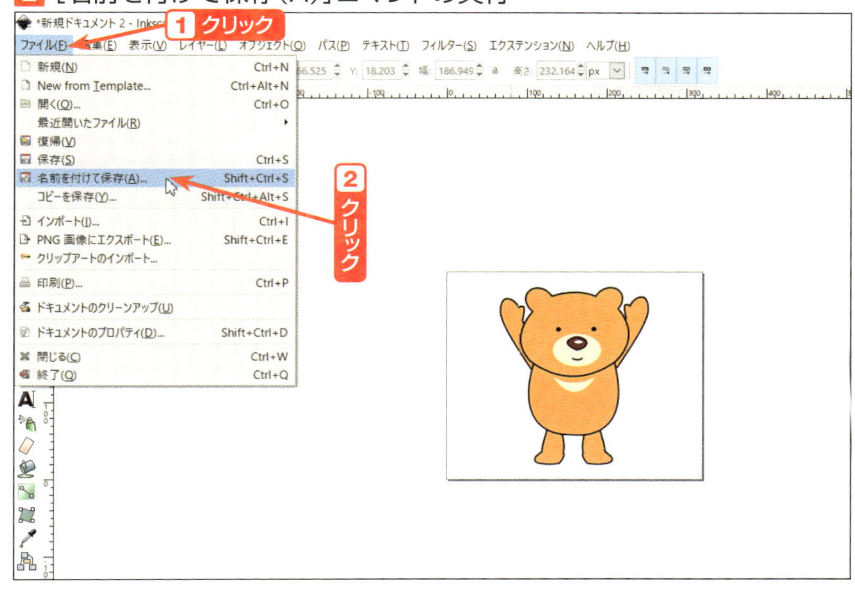

3 ファイルの保存

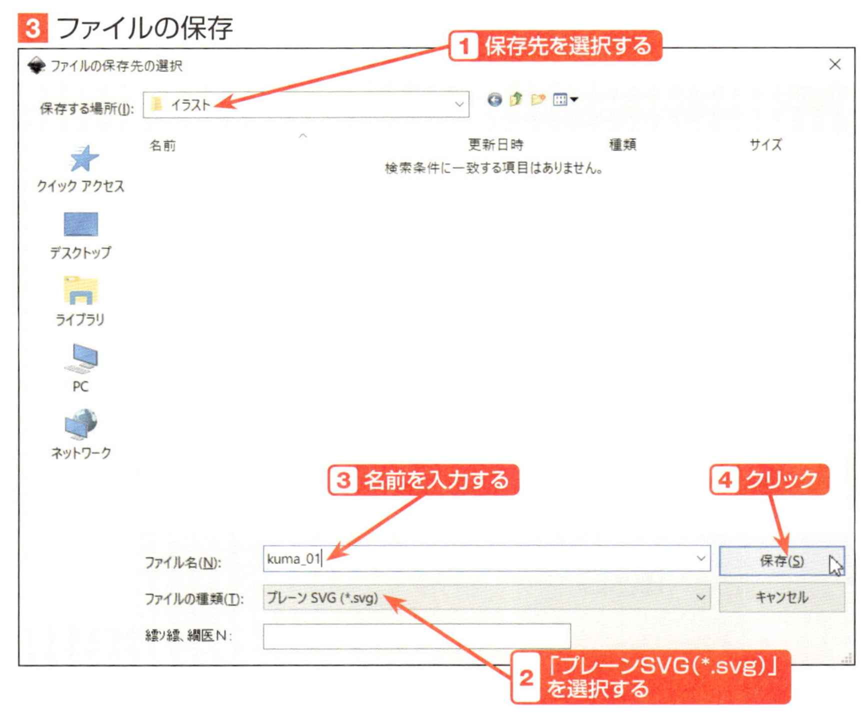

9VAeにイラストを読み込む

9VAeを起動し、保存したイラストファイルを読み込みます。

1 9VAeの起動

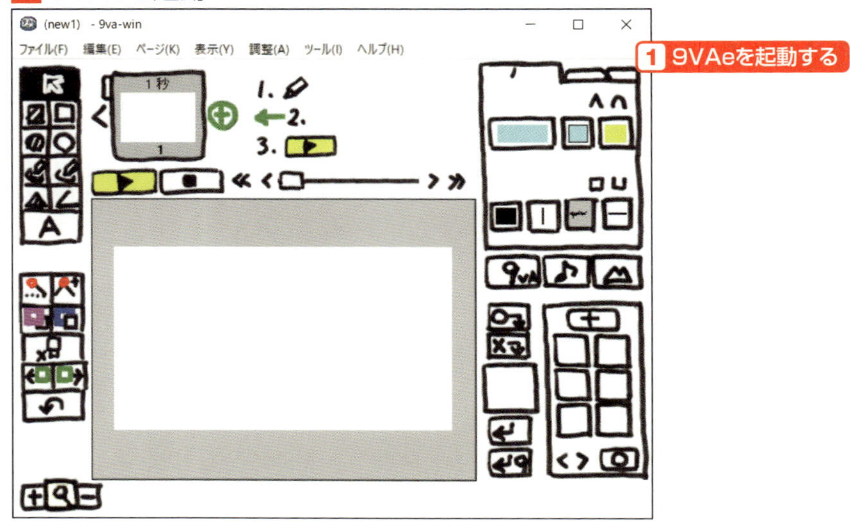

2 [開く(O)]コマンドの選択

3 ファイルの選択

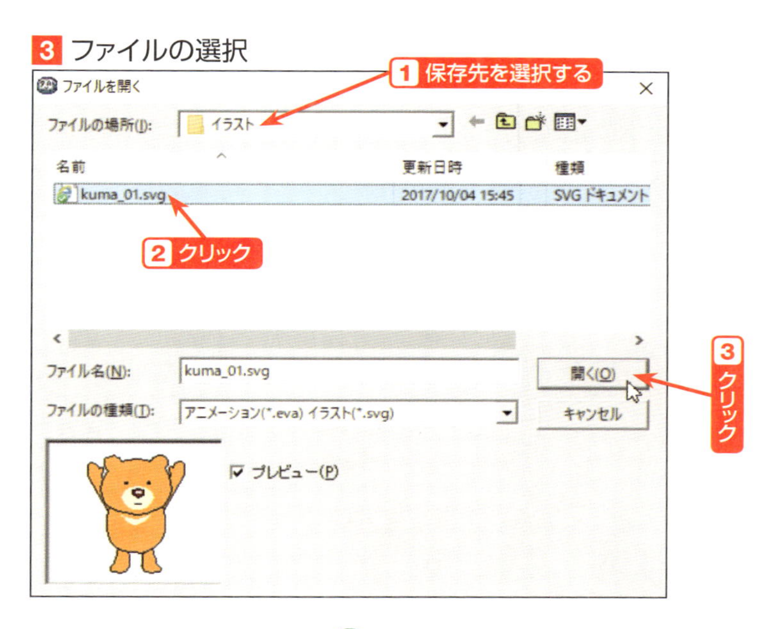
ファイルを開く
1 保存先を選択する
ファイルの場所(I):
イラスト
名前
更新日時
種類
kuma_01.svg
2017/10/04 15:45
SVG ドキュメント
2 クリック
ファイル名(N):
kuma_01.svg
開く(O)
3 クリック
ファイルの種類(T):
アニメーション(*.eva) イラスト(*.svg)
キャンセル
プレビュー(P)

kuma_01.svg.eva - 9va-win
ファイル(F)
編集(E)
ページ(K)
表示(V)
調整(A)
ツール(T)
ヘルプ(H)
1 秒
イラストが表示された

ページサイズの設定とイラストの縮小

9VAeの初期設定では、ページサイズ（イラストが配置された白い長方形の範囲）が1024px × 864pxに設定されているため、アニメーションスタンプの基準サイズの320px × 270pxに変更し、イラストのサイズも変更します。

1 [ページ設定(S)]コマンドの選択

2 ページサイズの設定

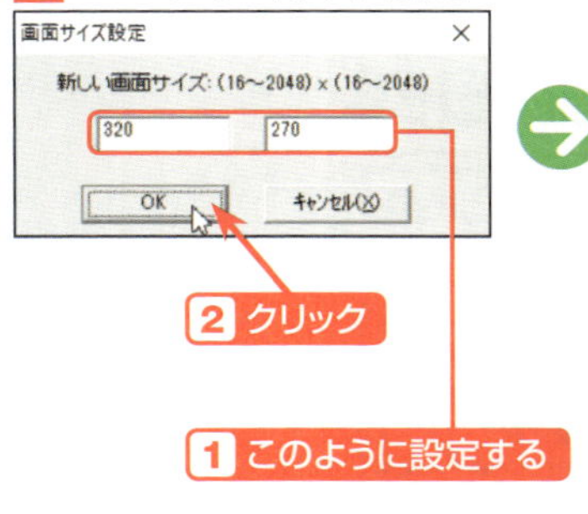

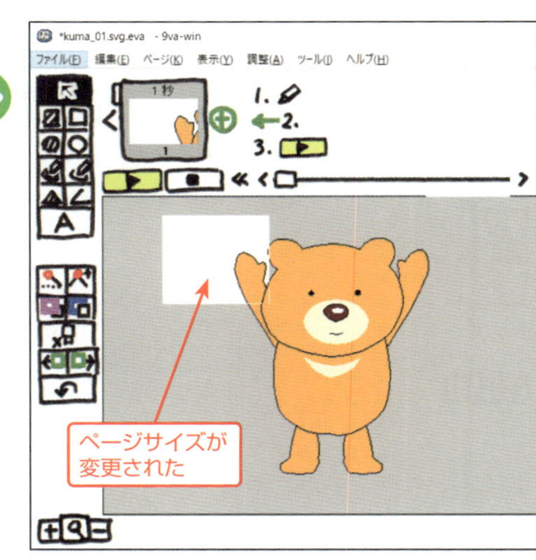

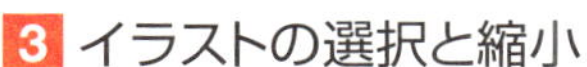

3 イラストの選択と縮小

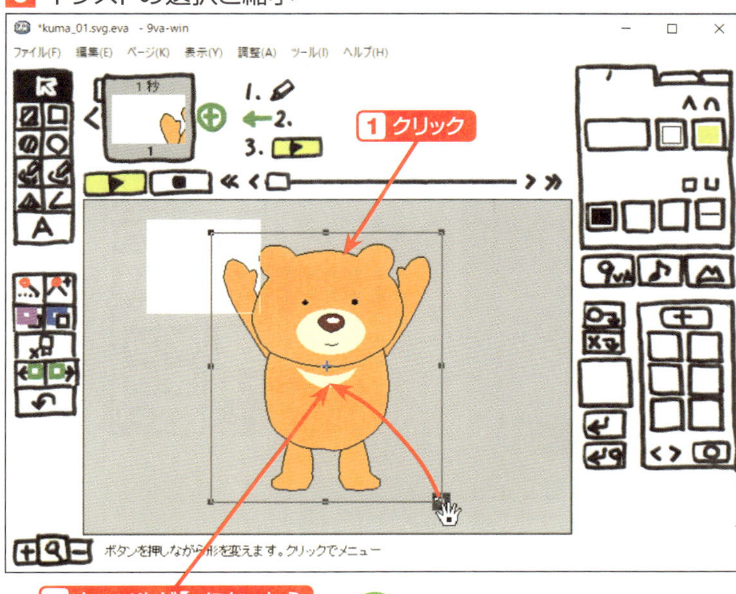

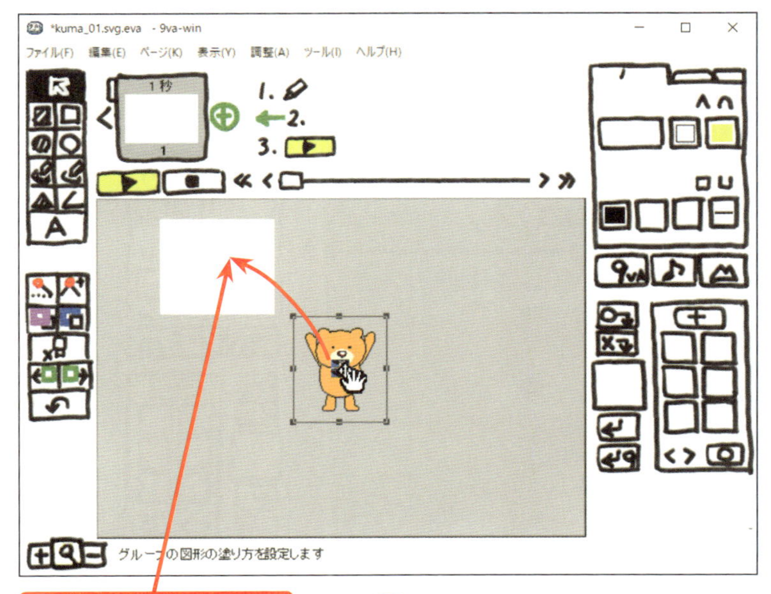

3 カーソルが✥になったら
ドラッグして移動する

1.
2.
3 アニメーション作成ソフトを使ってスタンプを作成してみよう
4.

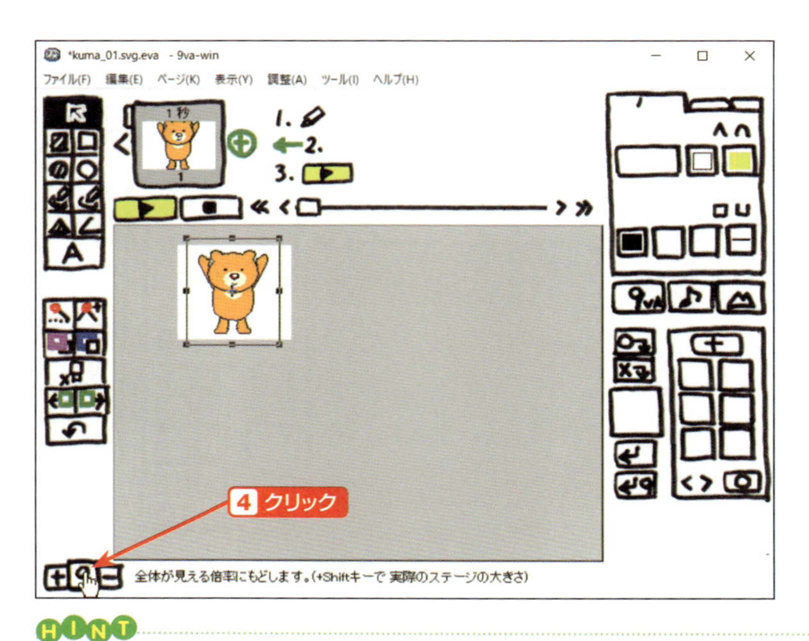

HINT
左下の虫めがねマークをクリックすると、ページ全体が編集画面いっぱいに表示されます。

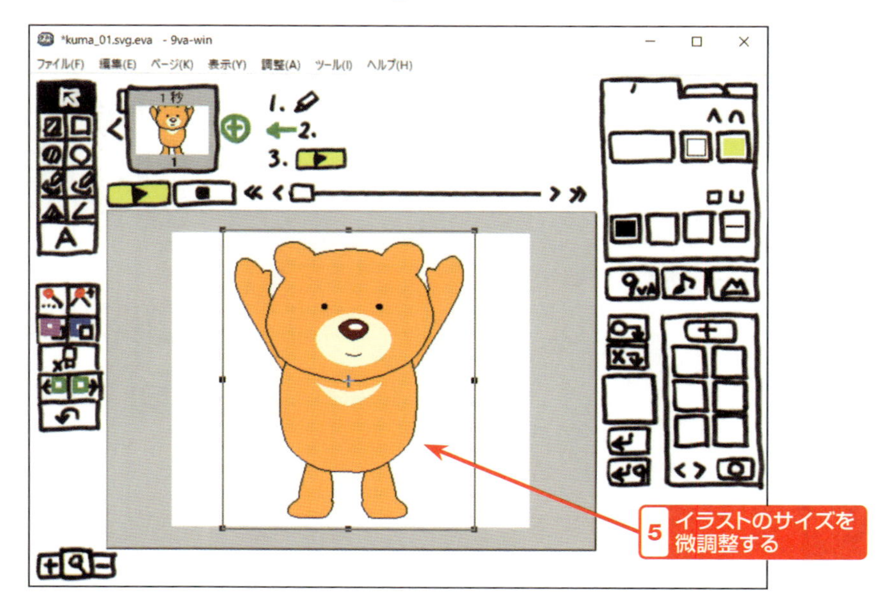

下から上がってくるアニメーションを作成してみよう

ここでは、114～118ページで読み込んだイラストを使って、下から徐々に上がってくるアニメーションを作成する方法を説明します。

アニメーションの作成

ここでは、2つのページを作成して、アニメーションを作成します。

1 次のページの作成

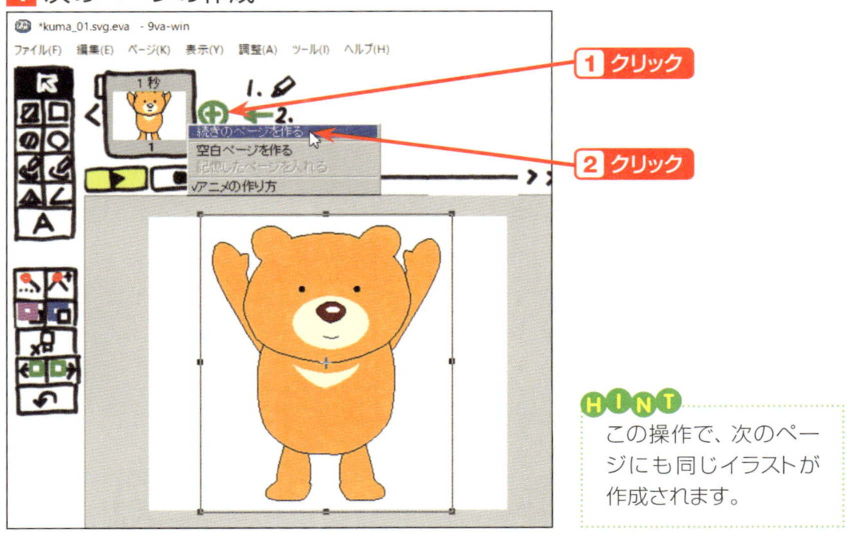

HINT
この操作で、次のページにも同じイラストが作成されます。

2 1ページ目の選択

3 ページの表示サイズの縮小

4 イラストの選択と移動

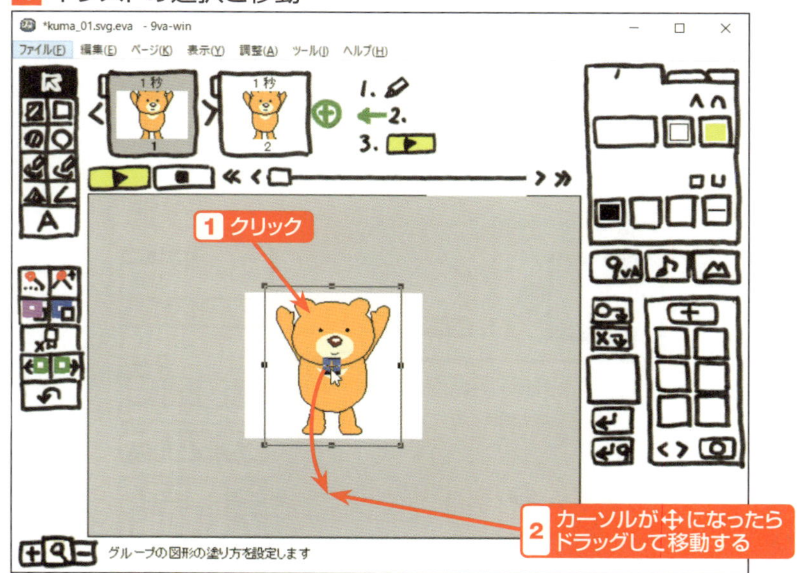

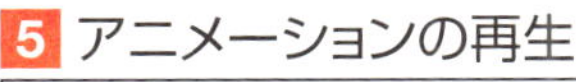

5 アニメーションの再生

下から上がってくるアニメーションが作成された

ONEPOINT
アニメーション作成ソフトのメリット

アニメーション作成ソフトでは、操作例のようにイラストを配置したページに続くページを作成し、その一方のイラストの配置や大きさなどを変更すると、2つの間の過程の動きが自動で作成されます。この方法を利用すると、キーポイントとなるページを追加することで、簡単にアニメーションを作成することができます。また、自動で作成された間の動きは、PNGファイルとして連番でまとめて書き出すことも可能です(127ページ参照)。

余白の削除

LINEの基準では、アニメーションのない部分を削除する必要があるため、イラストを左に移動して、ページサイズを変更します。

1 倍率の変更

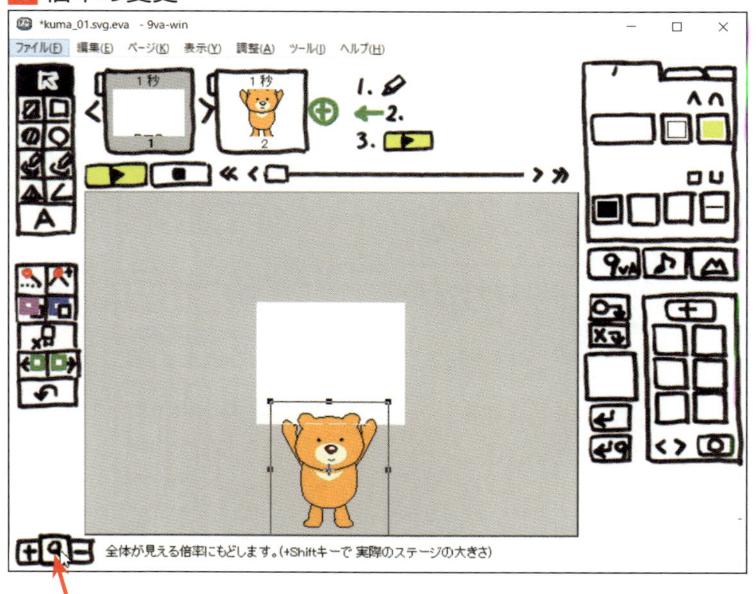

2 最初のページの指定

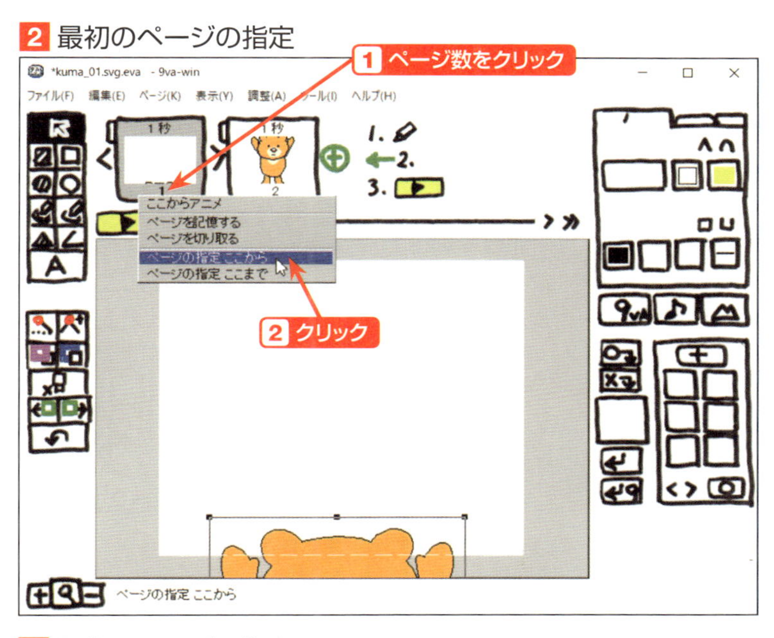

3 最後のページの指定

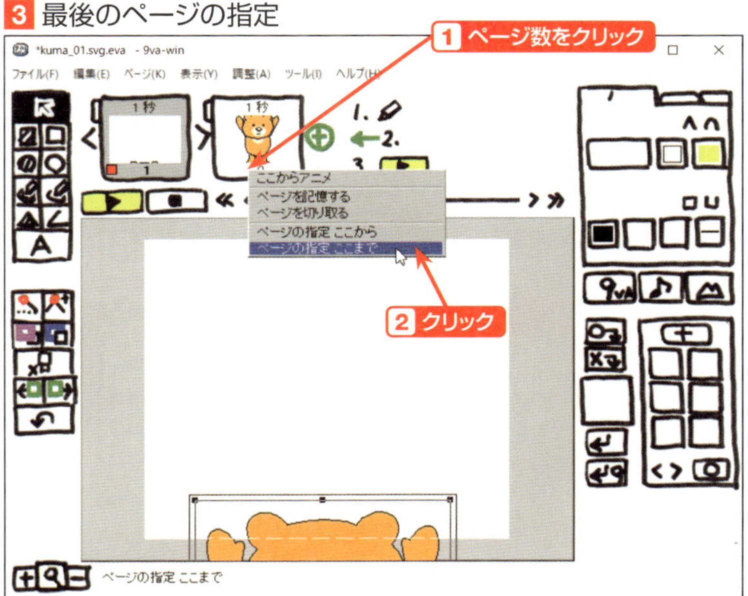

HINT

この操作で、指定したページ上のイラストが選択状態になります。

4 グリッドの表示

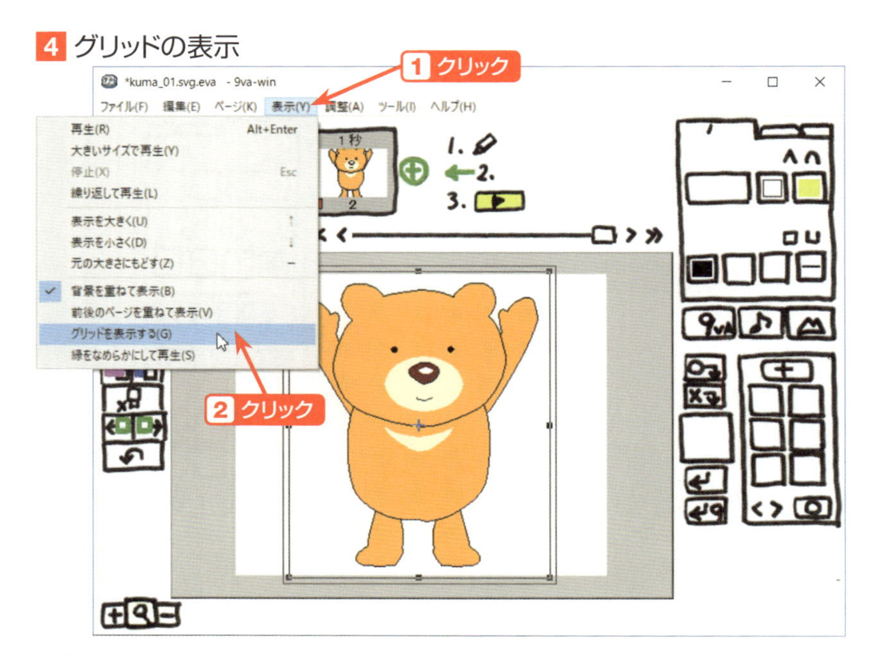

5 イラストの移動

1 カーソルが✥になったらドラッグして移動する

6 ページサイズを変更する値を確認する

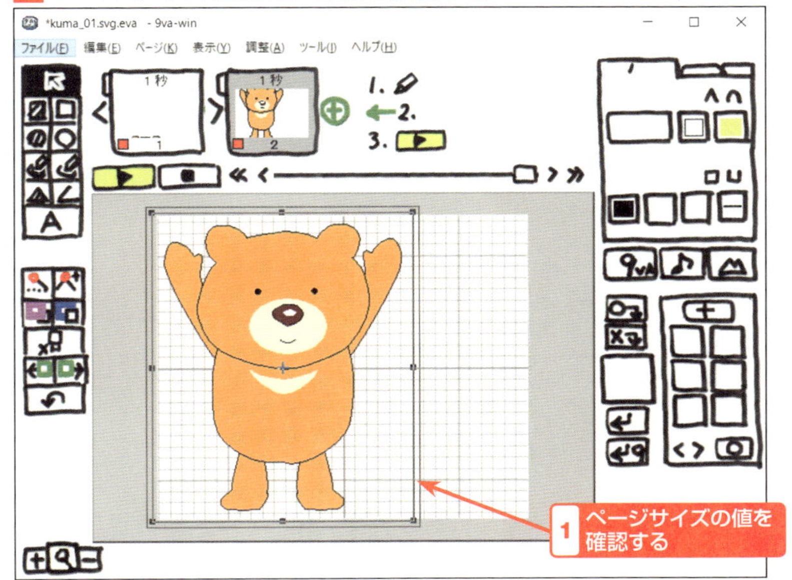

HINT

ここでは、グリッドの1目盛りが10pxであることから、幅を220pxに変更することとします。

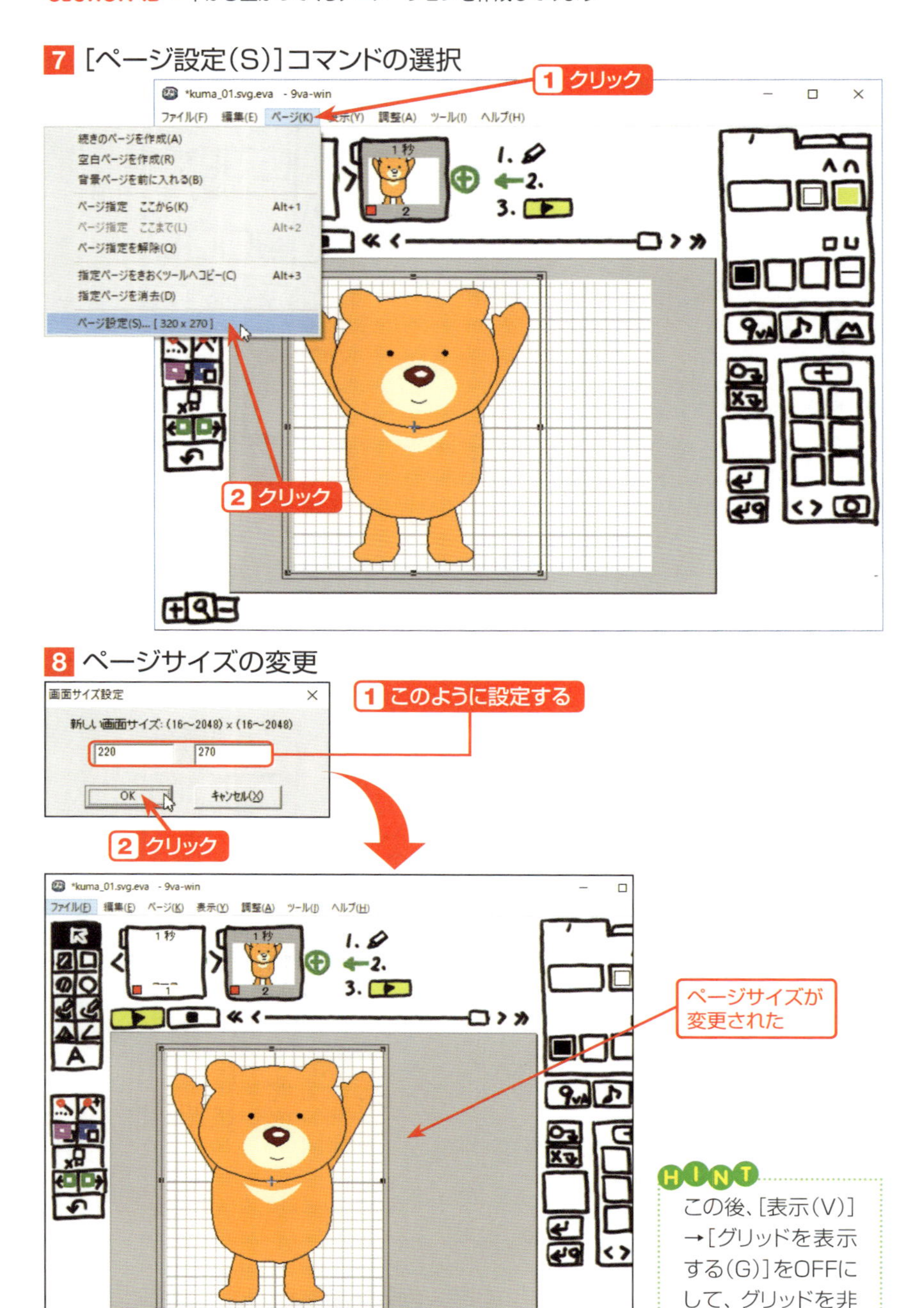

HINT

この後、[表示(V)]→[グリッドを表示する(G)]をOFFにして、グリッドを非表示にします。

PNGファイルの出力

作成したアニメーションを複数のPNG形式のファイルで出力します。

1 [連番/APNG出力(I)]コマンドの選択

2 保存の実行

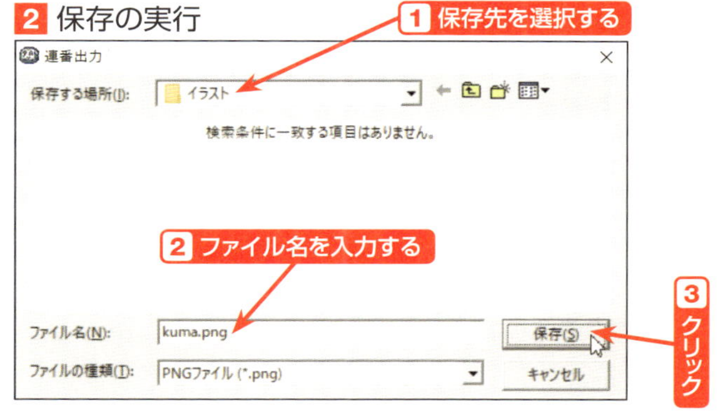

3 出力の設定

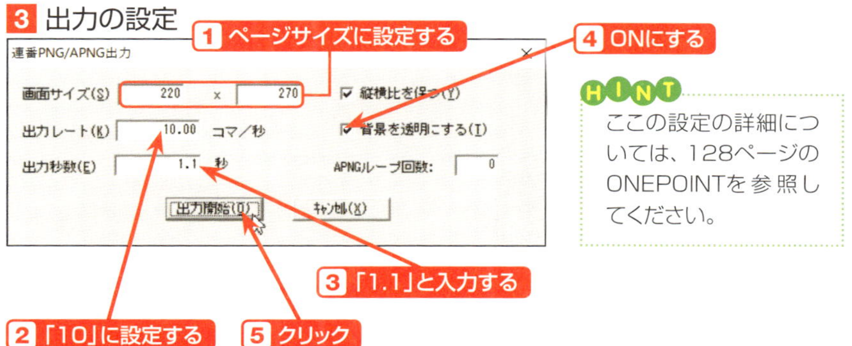

HINT

ここの設定の詳細については、128ページのONEPOINTを参照してください。

4 出力の実行

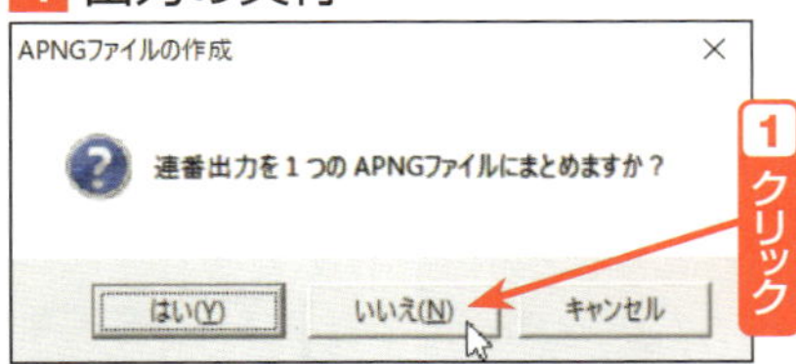

HINT

ここで[はい(Y)]をクリックすると、1つのAPNG(アニメーションファイル)として出力されます。ここでは、[いいえ(N)]をクリックして、連番のPNGファイルとして出力を実行しています。

5 出力先の表示

HINT

出力されたPNGファイルをAPNGにする方法は、66〜70ページを参照してください。

HINT

この後、作成したアニメーションを保存して、9VAeを終了します。

ONEPOINT

「9VAe」でのPNGファイルの出力方法について

「9VAe」では、1つのページに続くページを追加すると、ページ間のアニメーションが自動で作成されます。初期設定では、1つのページの再生速度は1秒に設定されており(秒数をクリックして変更可能)、操作例のように2つのページでは、次のようにアニメーションが作成されます。

※「9VAe」の[連番/APNG出力(I)]コマンドでは、一括でAPNGのアニメーションに出力することもできますが、PNGファイルの内容を確認するために、本書では連番PNG出力を実行しています。

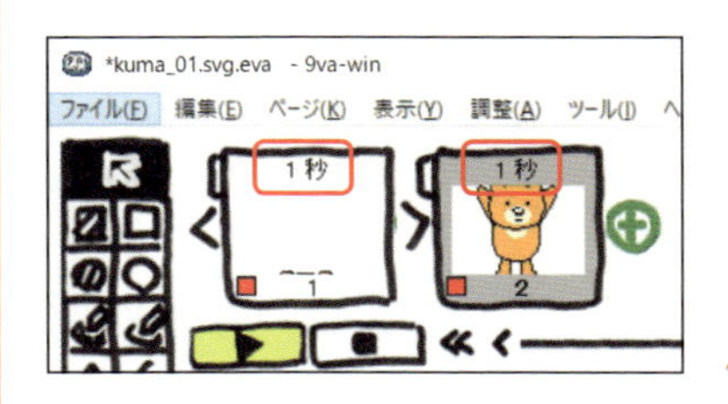

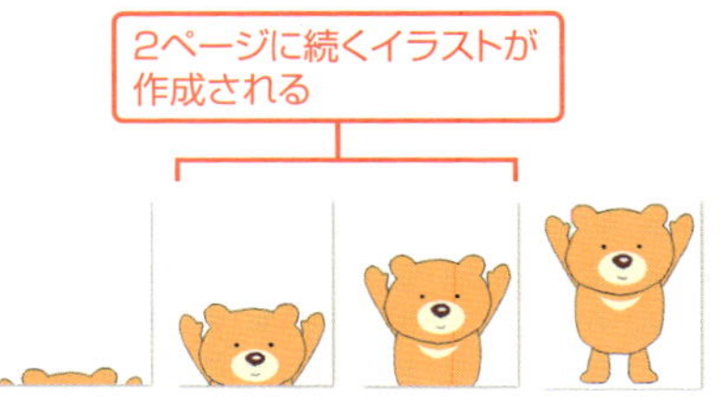

このとき、1ページから2ページまでに何枚のイラストを作成するかは、[出力レート(K)]で指定します。たとえば、次のように設定すると、1ページから2ページに続くイラストが10枚出力されます。ただし、[出力秒数(E)]が1(秒)なので、2ページ目のイラストは出力されません。

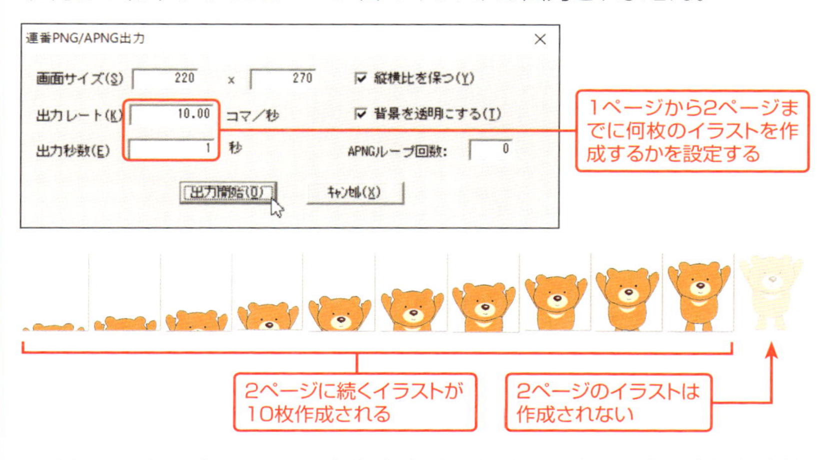

また、2ページ目のイラストを出力するために、次のように[出力秒数(E)]を2(秒)に設定すると、1ページから2ページに続くイラストが10枚と2ページ目のイラストが10枚出力されます。ただし、2ページ目は次に続くページがないため、同じ内容のイラストが10枚出力されます。

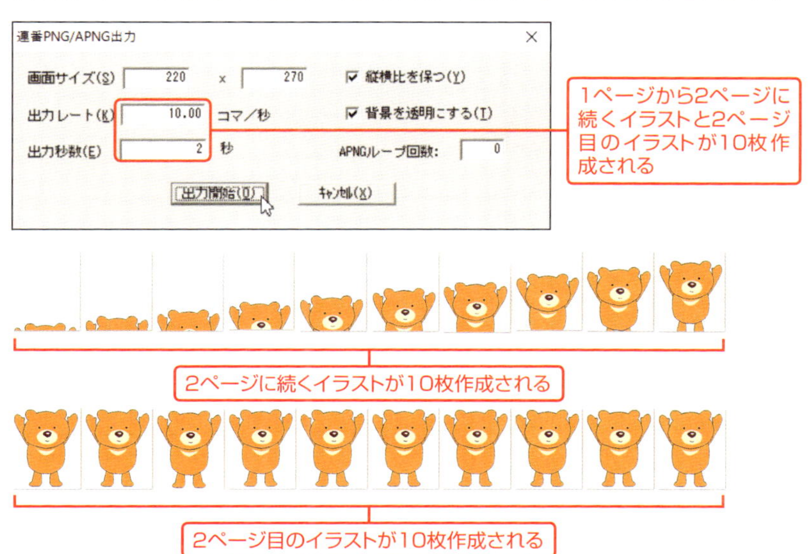

そこで、操作例では、1ページから2ページに続くイラスト10枚と、2ページ目のイラスト1枚を出力するために、次のように[出力秒数(E)]を1.1(秒)に設定し、1ページから2ページに続くイラスト10枚と2ページ目のイラストの1枚(1/10枚)を出力しています。

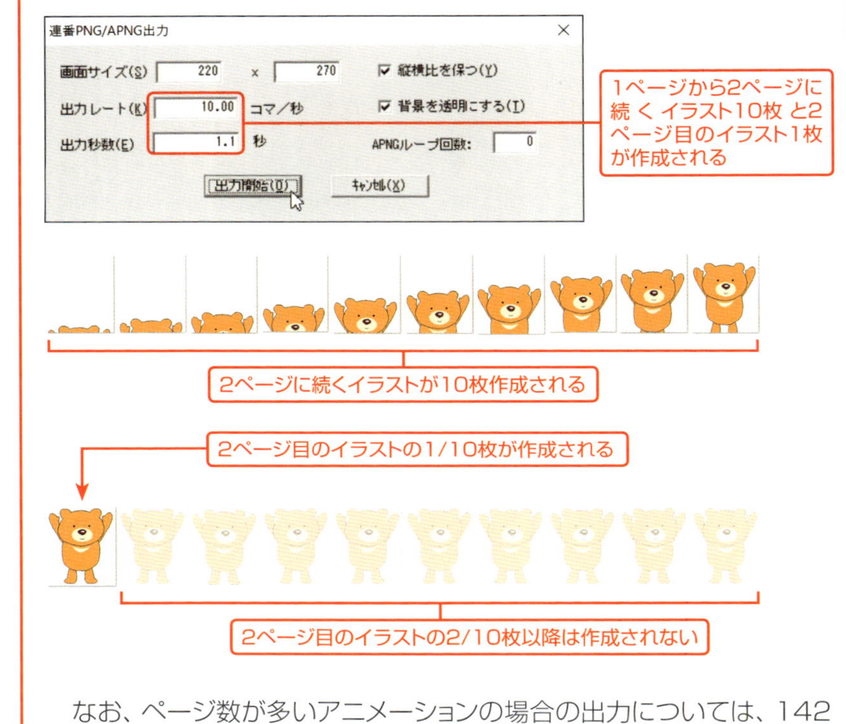

なお、ページ数が多いアニメーションの場合の出力については、142ページのONEPOINTを参考にしてください。

ストーリー仕立てのアニメーションを作成してみよう

ここでは、複数のページを作り、風船で降りてきて段々大きくなるストーリー仕立てのアニメーションを作成する方法を説明します。

イラストの読み込みとページの設定

ここでは、ファイル(イラスト)を開き、ページを320px × 270pxに設定して、イラストをページ上に配置してあることとします。

※ファイル(イラスト)を開く(114ページ参照)、ページの設定(116ページ参照)。

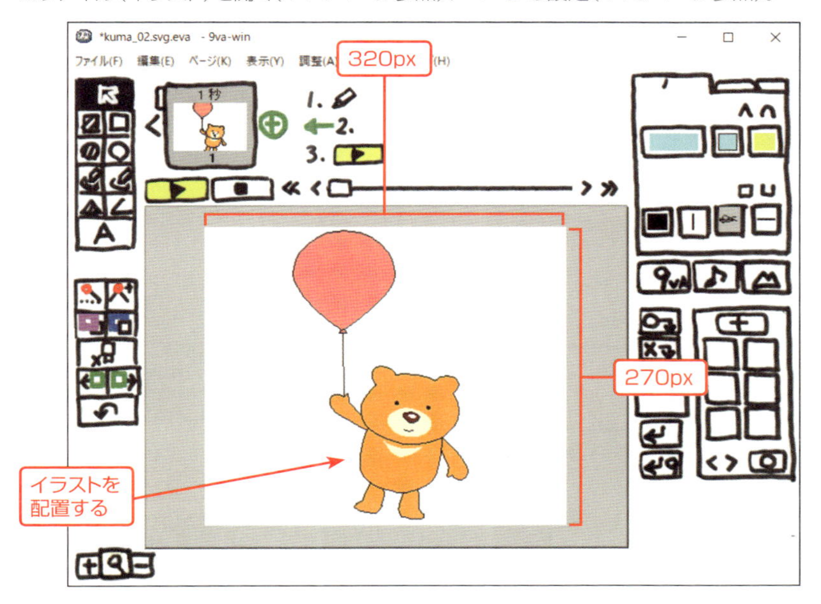

アニメーションの作成

ここでは、複数のページを作成して、アニメーションを作成します。

1 前に続くページの作成

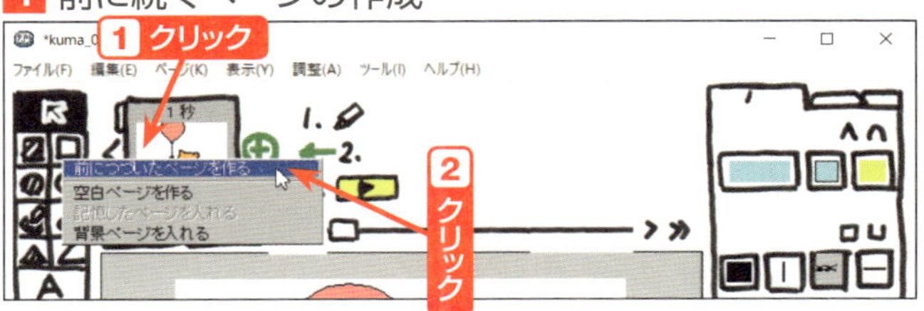

2 画面の縮小

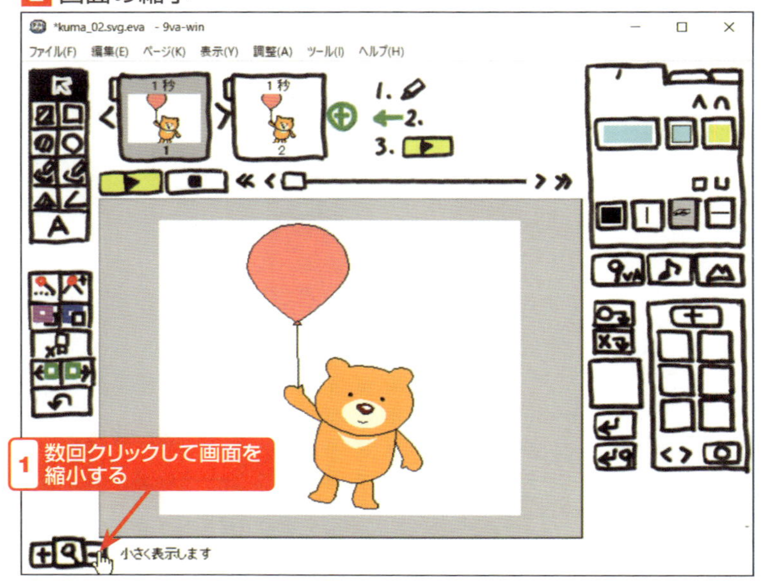

3 イラストの移動

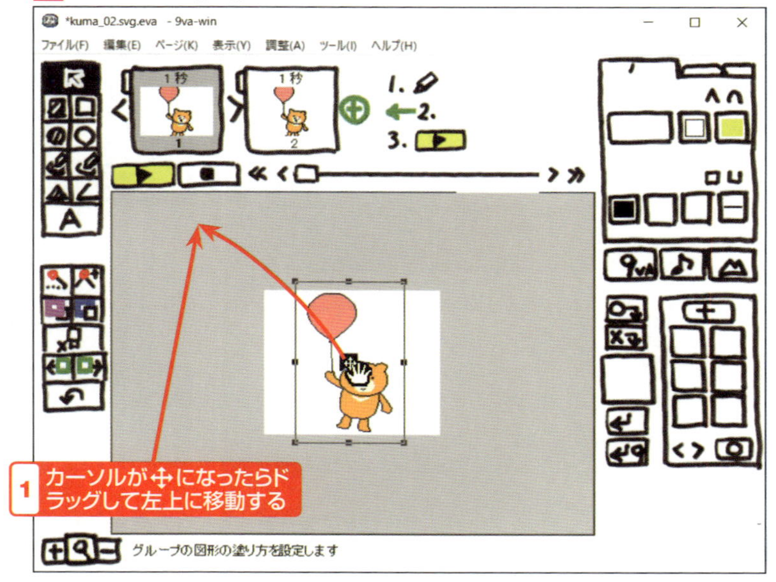

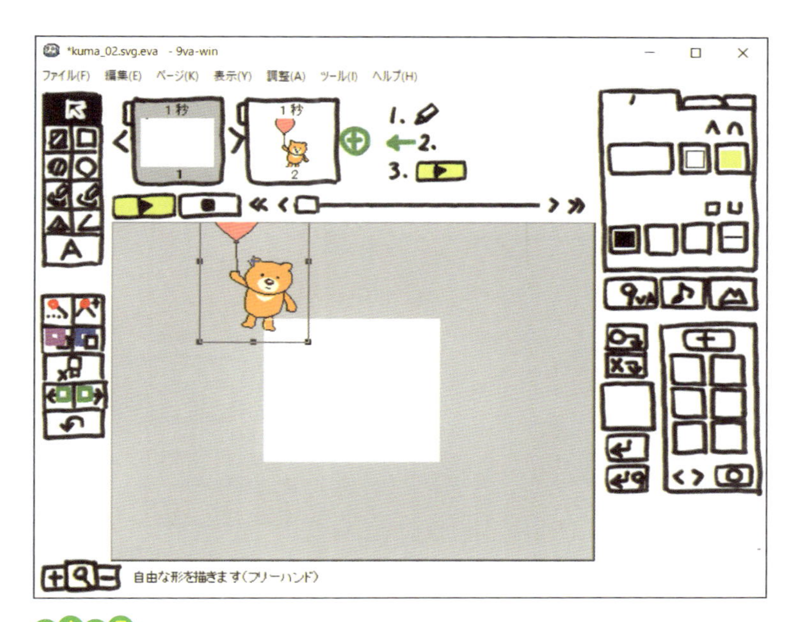

HINT

どのような動きになるか確認したい場合には、 をクリックしてアニメーションを再生します。

4 続きのページの作成

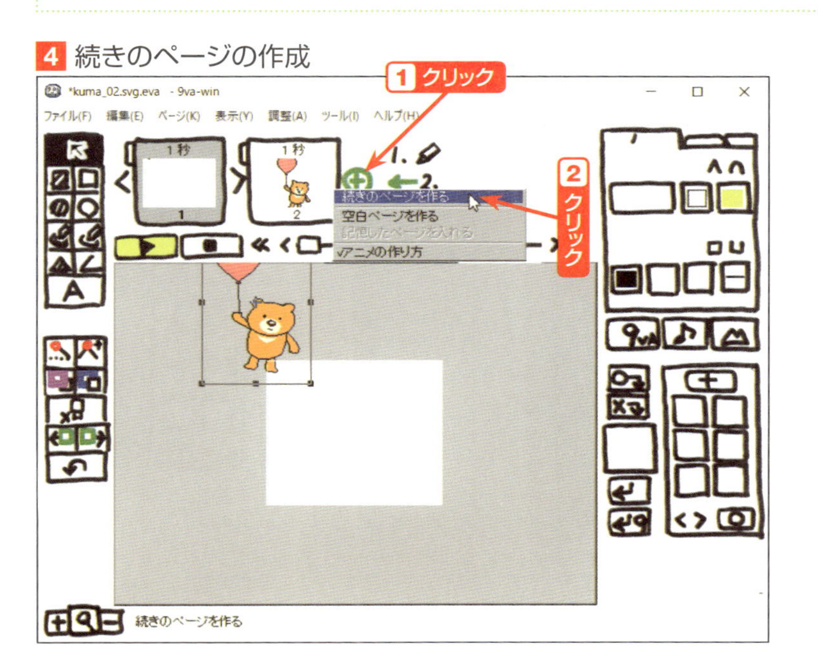

5 画面の拡大

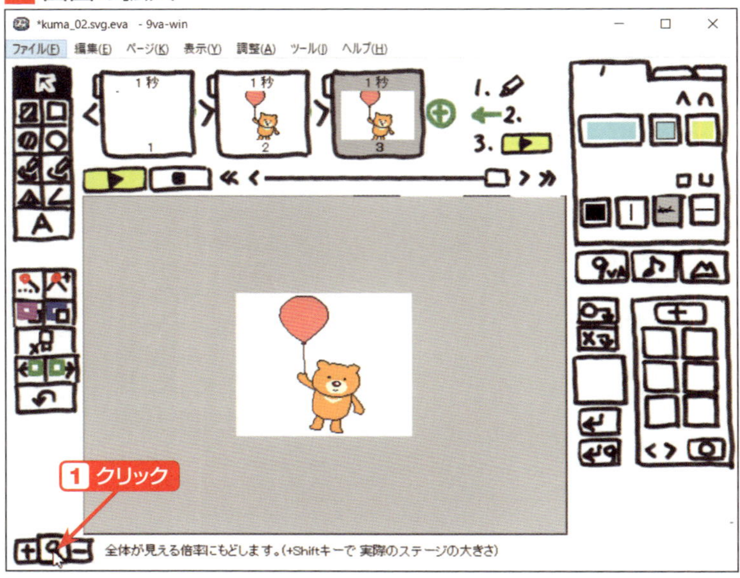

6 イラストの選択とグループ解除

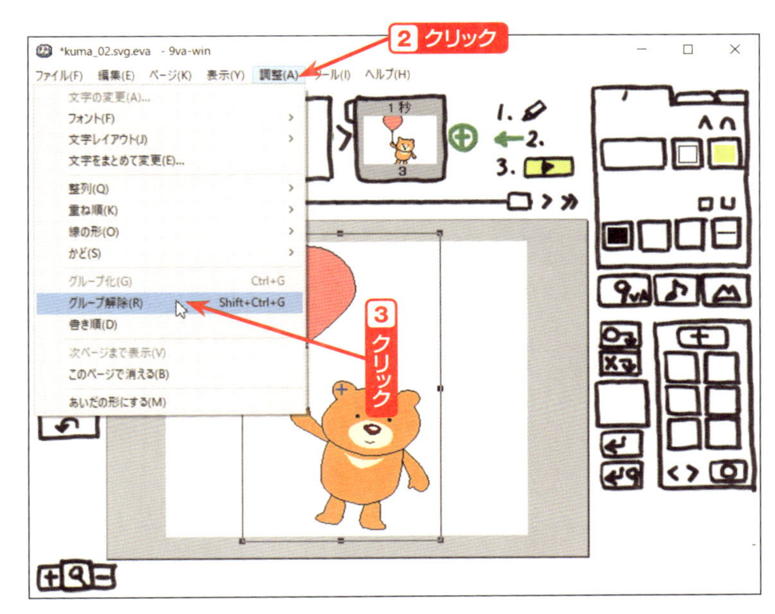

HINT
この操作で、イラストのパーツを個々に選択できるようになります。すでに、パーツごとに選択できる状態であれば、この操作は必要ありません。

7 風船の選択

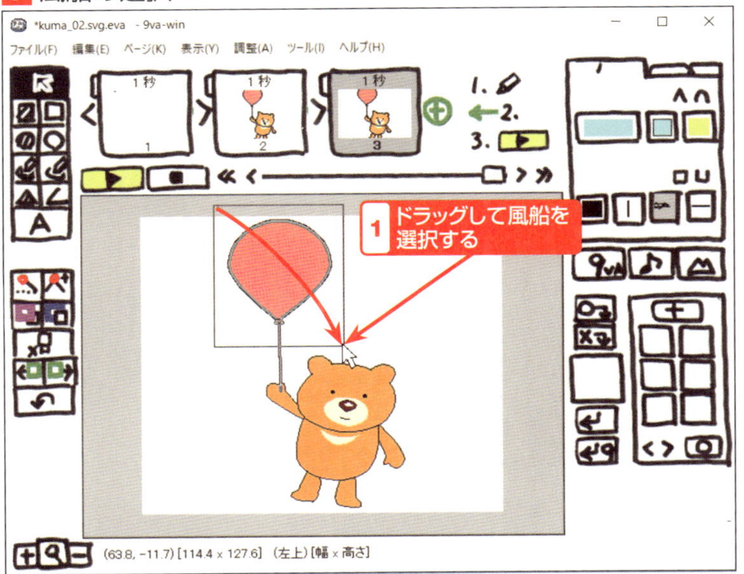

8 風船の移動

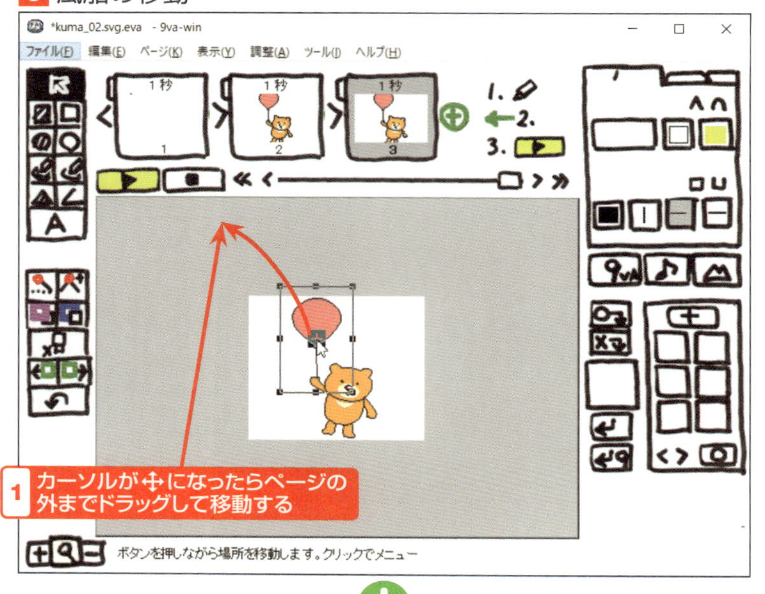

HINT

ここでは、操作がわかりやすいように画面を縮小しています。

9 クマの選択

10 回転の実行

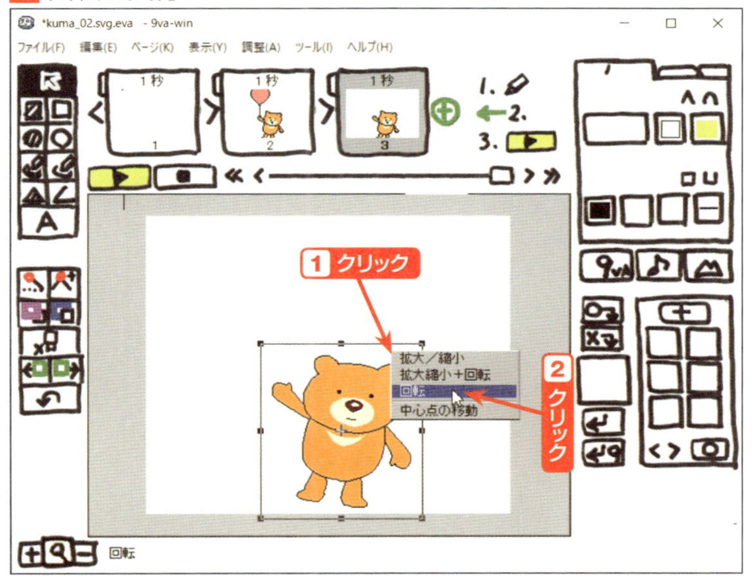

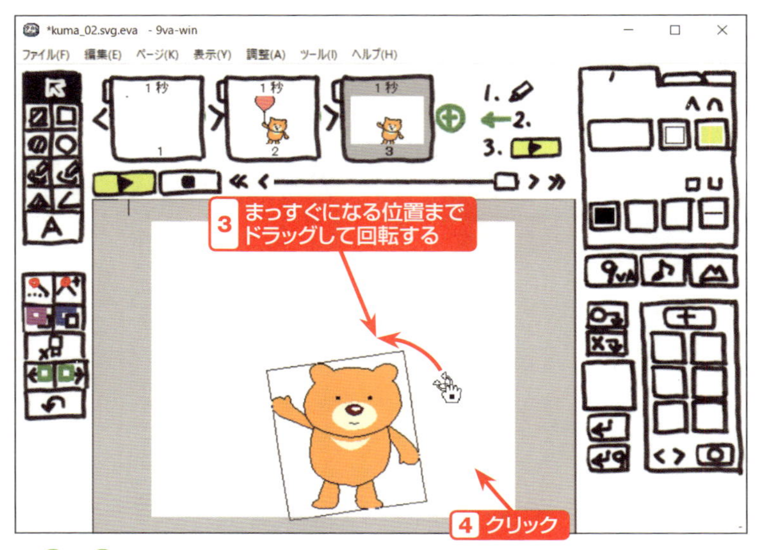

HINT
回転を選択するメニューを表示するには、四隅の■をクリックします。

11 続きのページの作成

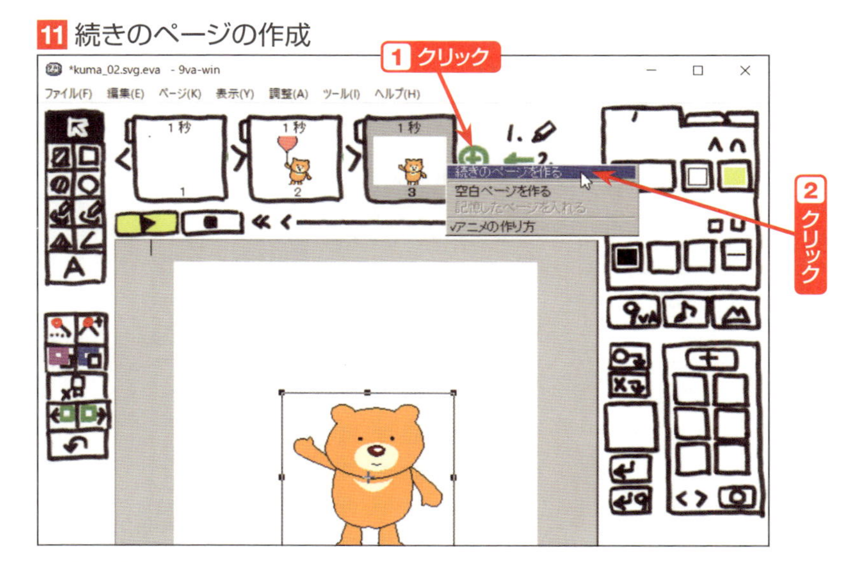

HINT
ウインドウサイズによっては、ページを追加すると、すべてのページが表示されなくなる場合があります。そのときには、いずれかのページ左上のタブをクリックすると表示されるメニューから(先頭ページ)を選択します。

12 クマの拡大

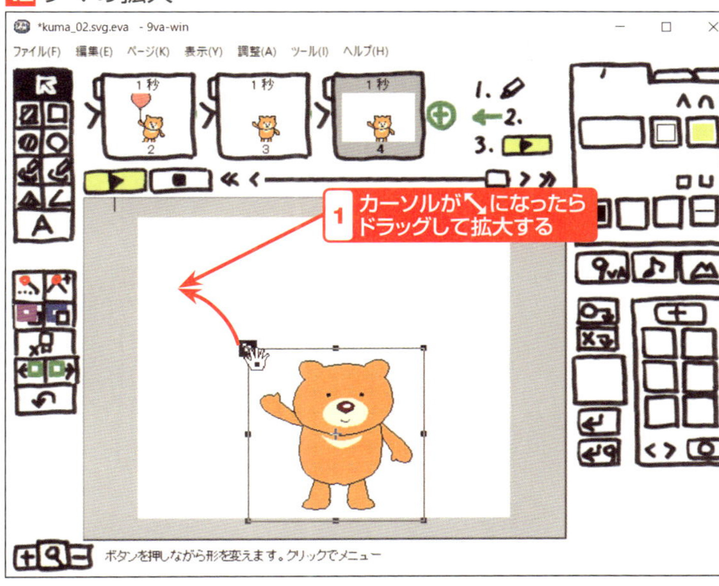
*kuma_02.svg.eva - 9va-win
ファイル(F) 編集(E) ページ(K) 表示(Y) 調整(A) ツール(I) ヘルプ(H)
1 秒
1 秒
1 秒
1 カーソルが↖になったらドラッグして拡大する
ボタンを押しながら形を変えます。クリックでメニュー

*kuma_02.svg.eva - 9va-win
ファイル(F) 編集(E) ページ(K) 表示(Y) 調整(A) ツール(I) ヘルプ(H)
1 秒
1 秒
1 秒

13 クマの移動

HINT

この後、アニメーションを再生して確認します。その後、122～126ページの要領で、余分な余白を削除します。

1
2
3 アニメーション作成ソフトを使ってスタンプを作成してみよう
4

PNGファイルの出力

作成したアニメーションを複数のPNG形式のファイルで出力します。

1 [連番/APNG出力(I)]コマンドの選択

2 保存の実行

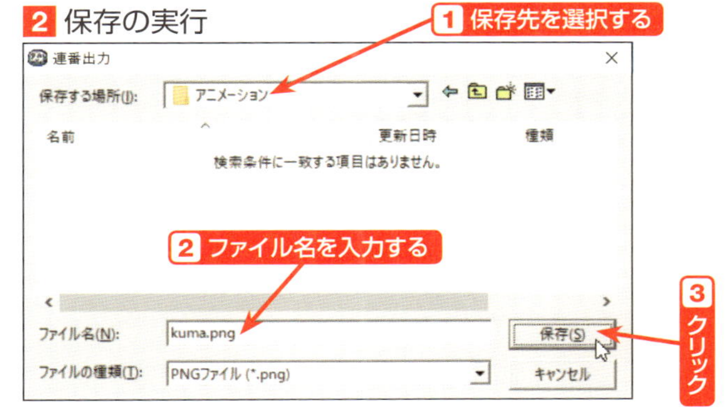

3 出力の設定

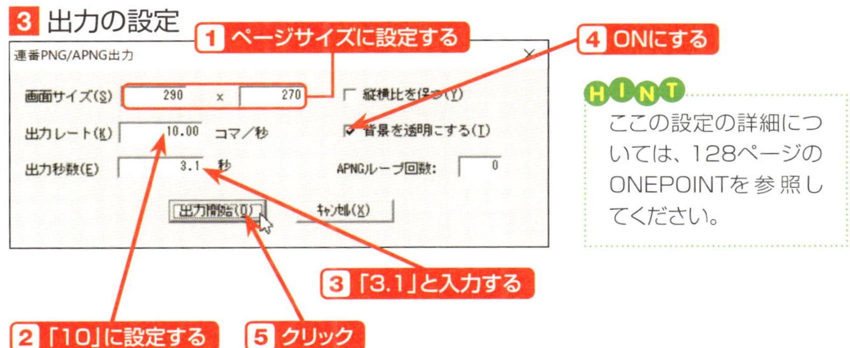

HINT

ここの設定の詳細については、128ページのONEPOINTを参照してください。

4 出力の実行

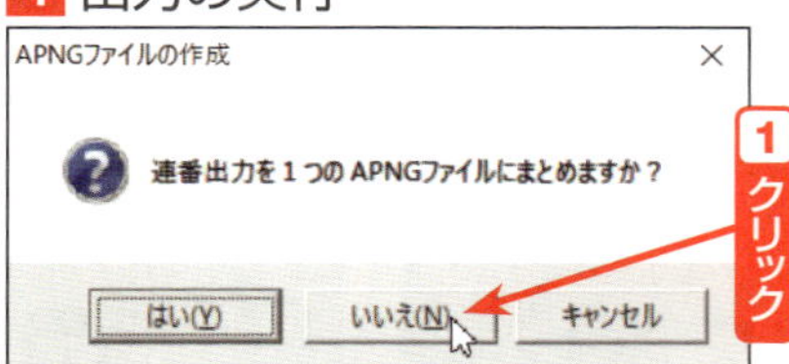

HINT
ここで[はい(Y)]をクリックすると、1つのAPNG（アニメーションファイル）として出力されます。ここでは、[いいえ(N)]をクリックして、連番のPNGファイルとして出力を実行しています。

5 出力先の表示

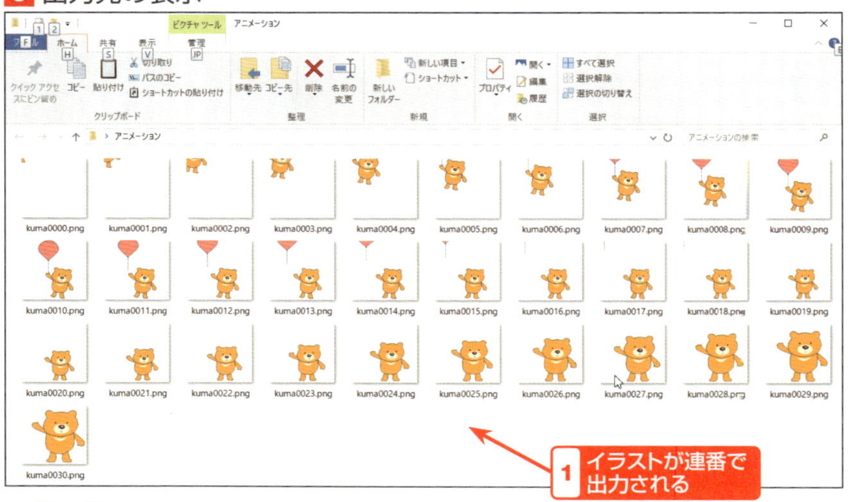

HINT
出力されたPNGファイルをAPNGにする方法は、66〜70ページを参照してください。

HINT
この後、作成したアニメーションを保存して、9VAeを終了します。

ONEPOINT ページ数が多いアニメーションの出力について

　操作例では、次のように4つのページで作成したアニメーションを、31枚のPNGファイルで出力しています（設定の詳細は141ページを参照）。ただし、LINEのアニメーションスタンプは、5〜20枚のPNGファイルでアニメーションを構成しなければならないため、いくつかのPNGファイルは省く必要があります。そのような際には、ゆっくり表示させたい場面は、多く残し、素早く表示させたい場面は多く省くというように工夫すると、アニメーションの動きにメリハリをつけることができます。

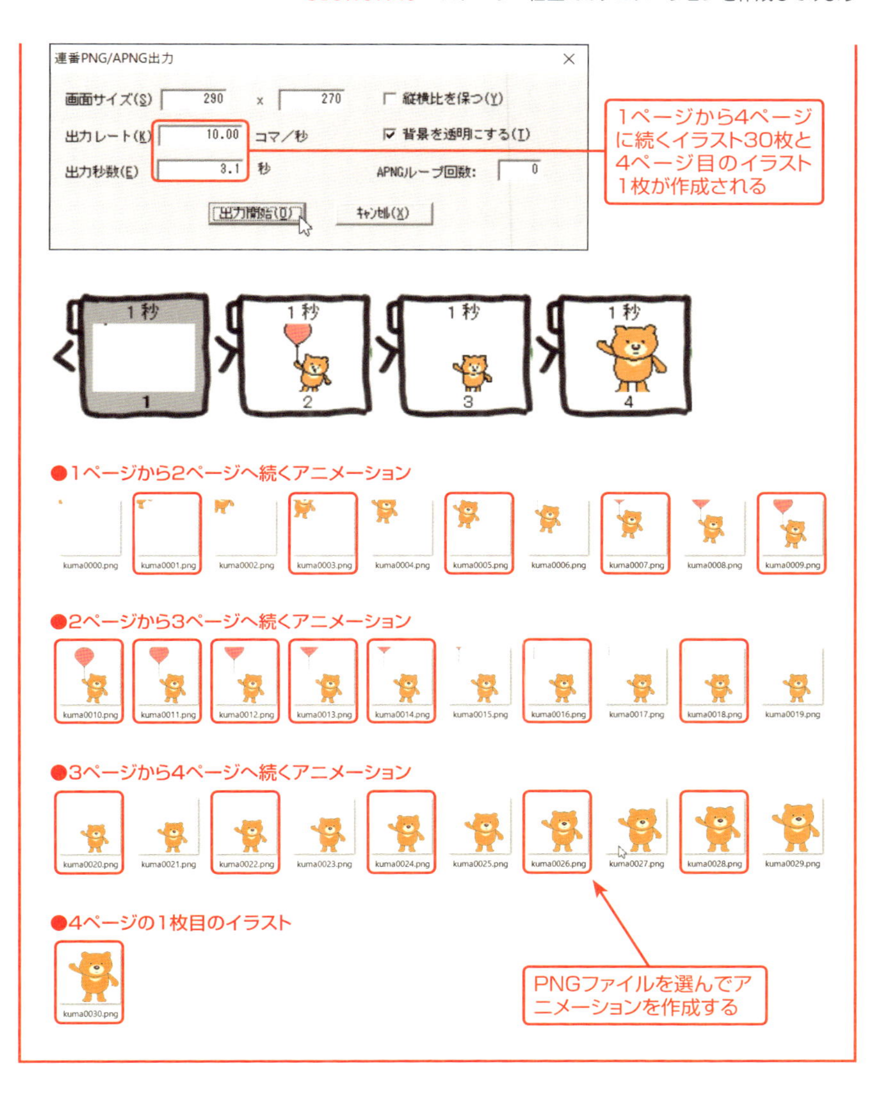
連番PNG/APNG出力
画面サイズ(S) 290 x 270
縦横比を保つ(Y)
出力レート(K) 10.00 コマ/秒
背景を透明にする(T)
出力秒数(E) 3.1 秒
APNGループ回数: 0
出力開始(O)
ｷｬﾝｾﾙ(X)
1ページから4ページに続くイラスト30枚と4ページ目のイラスト1枚が作成される
1 秒
1 秒
1 秒
1 秒
●1ページから2ページへ続くアニメーション
kuma0000.png
kuma0001.png
kuma0002.png
kuma0003.png
kuma0004.png
kuma0005.png
kuma0006.png
kuma0007.png
kuma0008.png
kuma0009.png
●2ページから3ページへ続くアニメーション
kuma0010.png
kuma0011.png
kuma0012.png
kuma0013.png
kuma0014.png
kuma0015.png
kuma0016.png
kuma0017.png
kuma0018.png
kuma0019.png
●3ページから4ページへ続くアニメーション
kuma0020.png
kuma0021.png
kuma0022.png
kuma0023.png
kuma0024.png
kuma0025.png
kuma0026.png
kuma0027.png
kuma0028.png
kuma0029.png
●4ページの1枚目のイラスト
kuma0030.png
PNGファイルを選んでアニメーションを作成する

イラストが次々に現れるアニメーションを作成してみよう

ここでは、ページ上に複数のイラスト（文字を含む）が次々に現れるアニメーションを作成する方法を説明します。

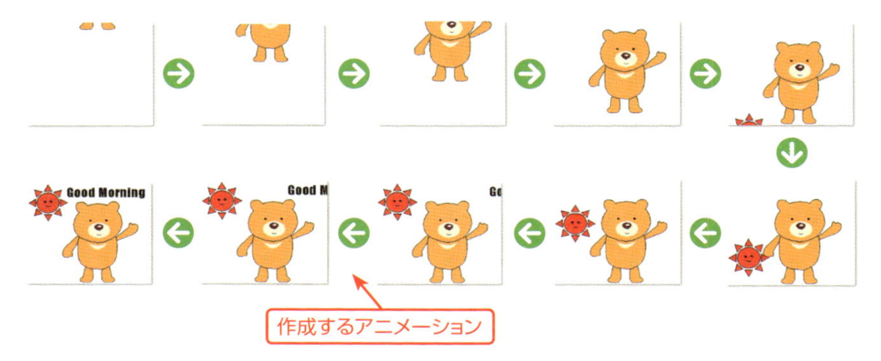

イラストの読み込みとページの設定

ここでは、ファイル（イラスト）を開き、ページを320px × 270pxに設定して、イラストをページ上に配置してあることとします。

※ファイル（イラスト）を開く（114ページ参照）、ページの設定（116ページ参照）。

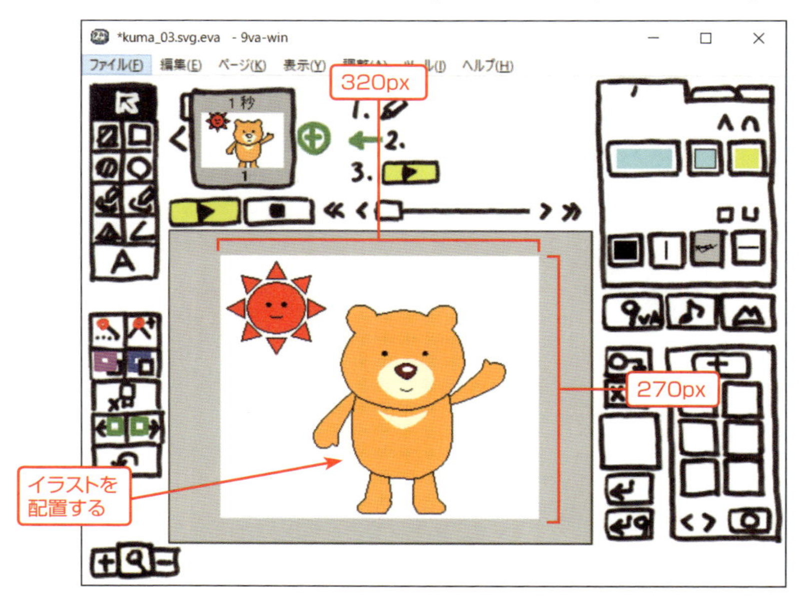

1 文字の入力

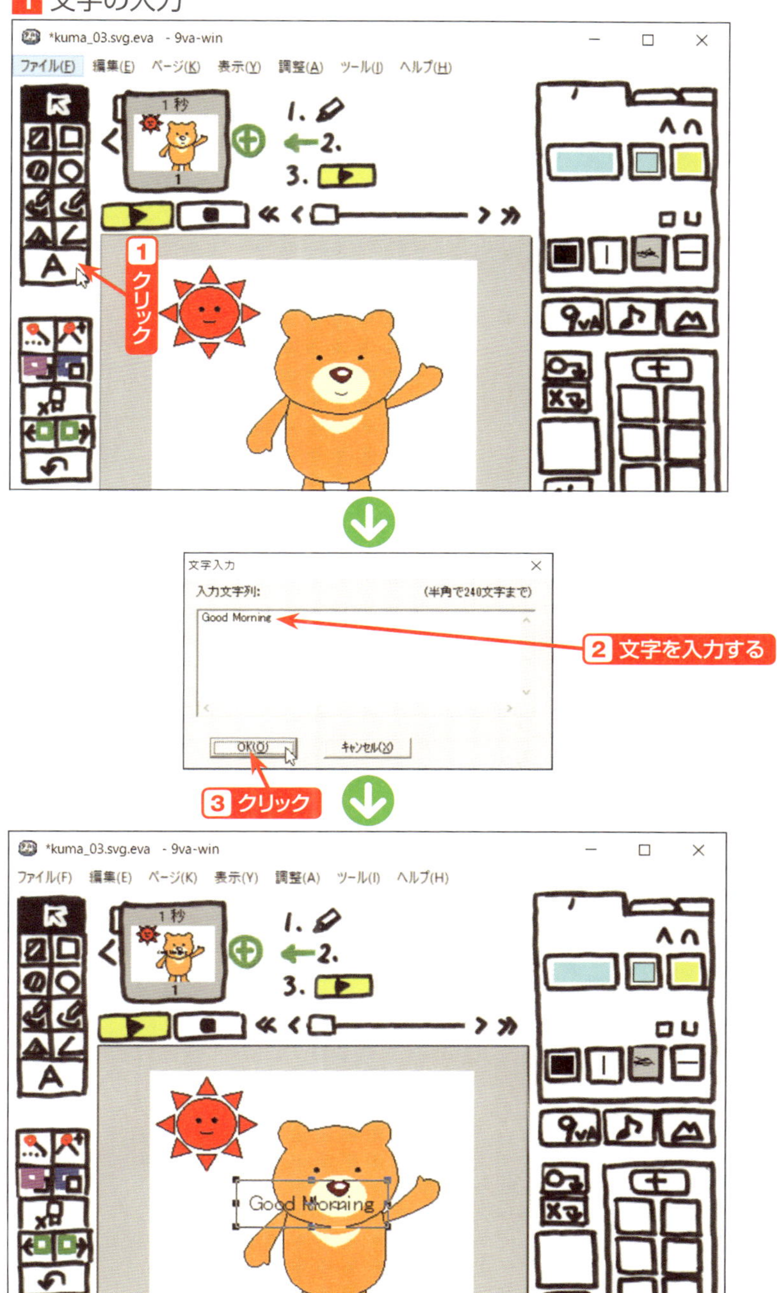
*kuma_03.svg.eva - 9va-win
ファイル(F) 編集(E) ページ(K) 表示(Y) 調整(A) ツール(I) ヘルプ(H)
1 クリック
文字入力
入力文字列:
(半角で240文字まで)
Good Morning
2 文字を入力する
OK(O)
キャンセル(X)
3 クリック
*kuma_03.svg.eva - 9va-win
ファイル(F) 編集(E) ページ(K) 表示(Y) 調整(A) ツール(I) ヘルプ(H)
Good Morning

2 フォントの設定

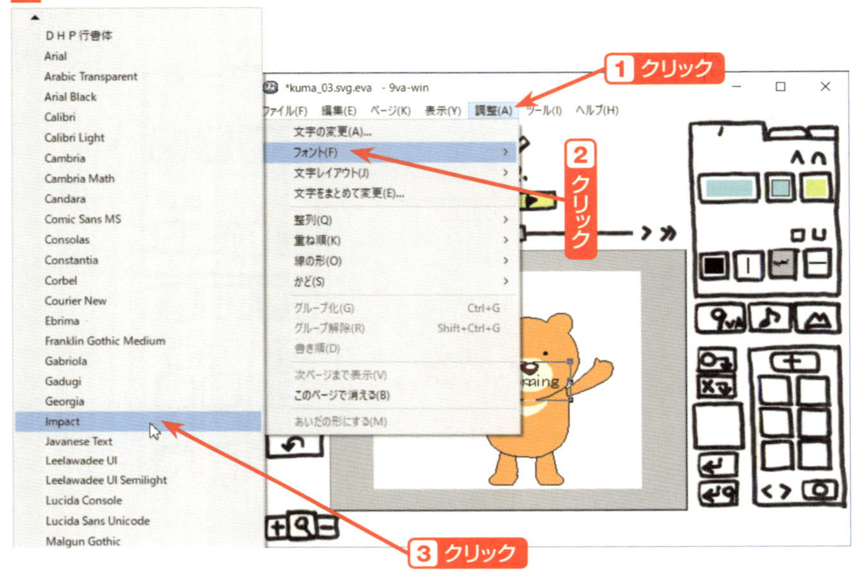

3 文字の拡大

4 文字の移動

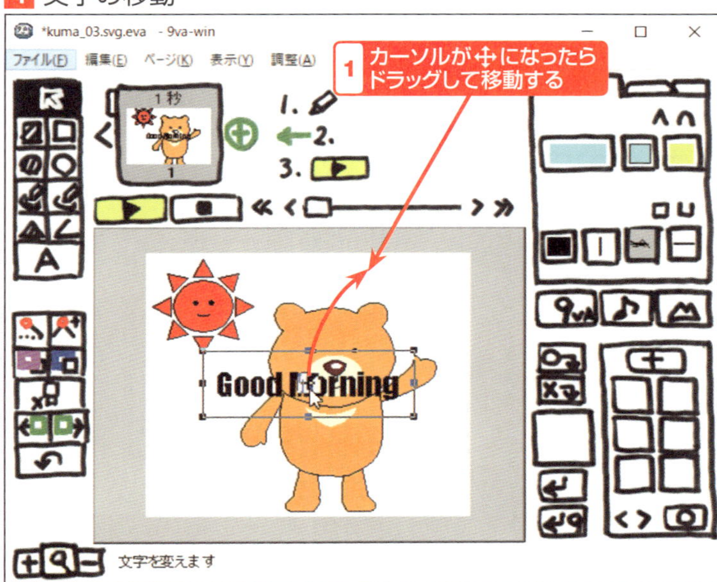

5 前に続くページを作成

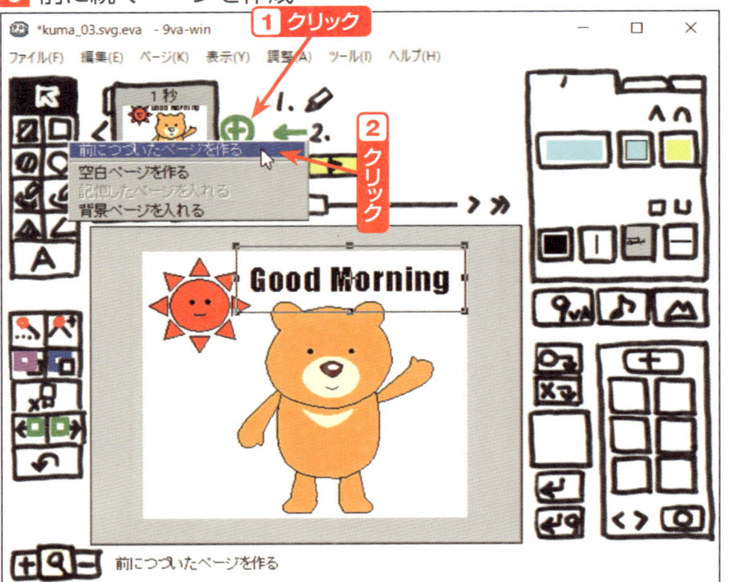

6 文字の移動

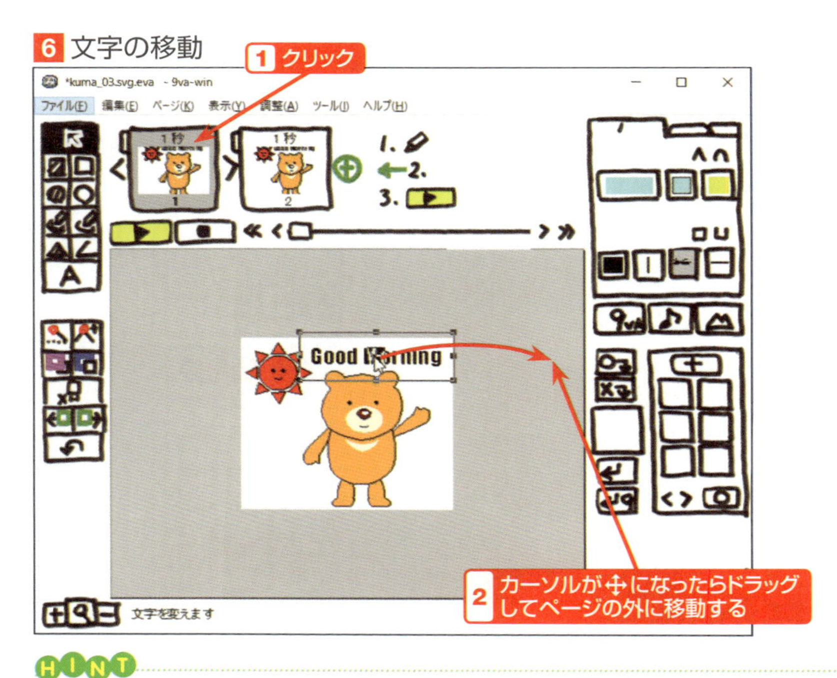

HINT
ここでは、操作が見やすいように画面を縮小しています。

7 前に続くページを作成

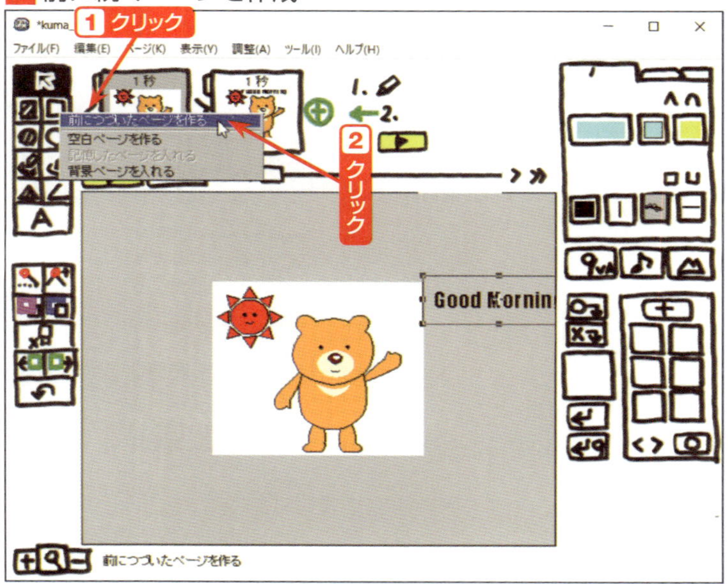

8 イラストの選択とグループ解除

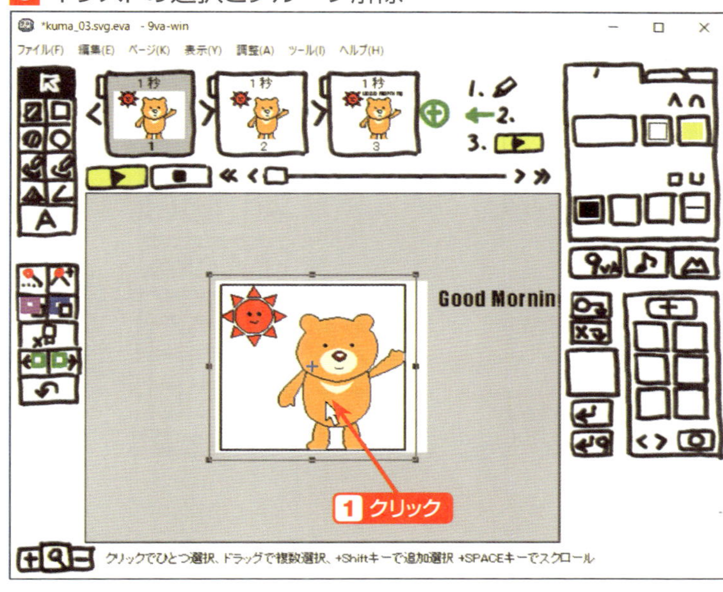

HINT

この操作で、イラストのパーツを個々に選択できるようになります。すでに、パーツごとに選択できる状態であれば、この操作は必要ありません。

9 おひさまの移動

10 前に続くページを作成

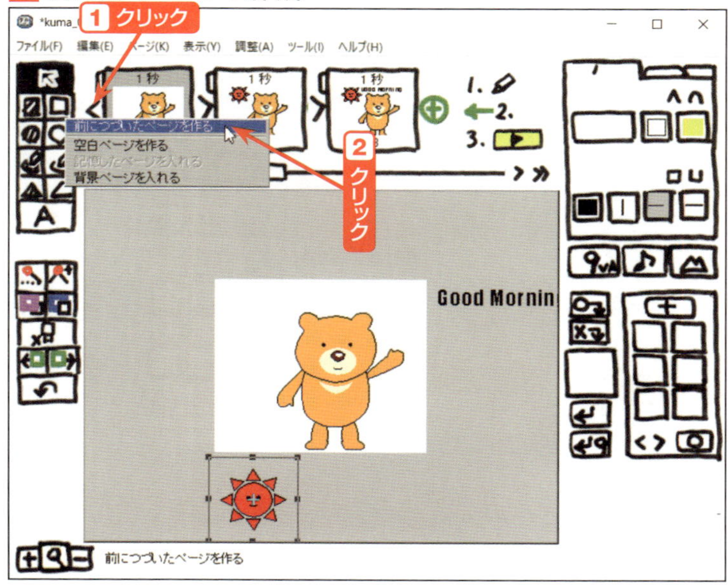

11 クマの移動

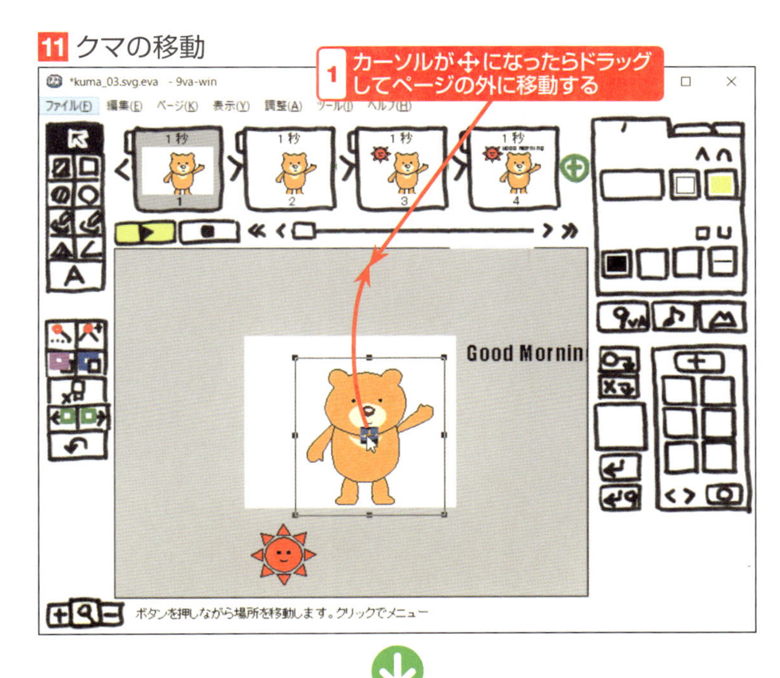

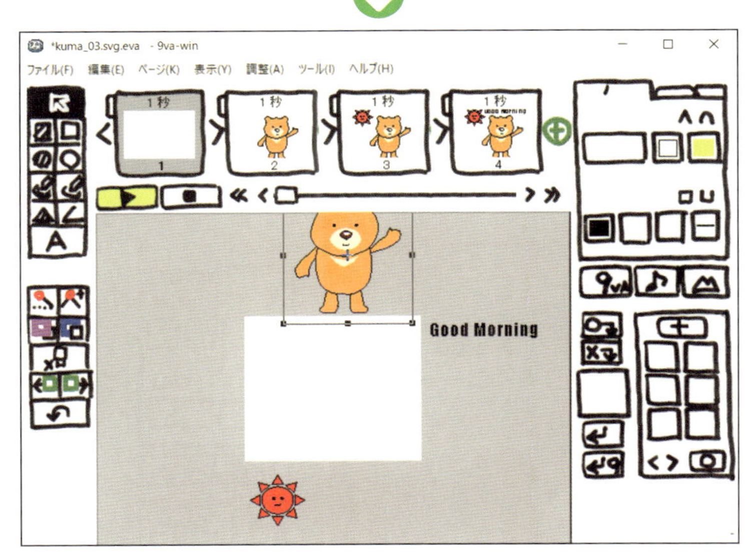

HINT

この後、アニメーションを再生して確認します。その後、PNGファイルとして出力を実行します。

SECTION 15 歩いてくるアニメーションを作成してみよう

「9VAe」では、「アニメキャスト」という一定の動きを登録できる機能を利用すると、少ないページ数でも複雑な動きを作成することができます。ここでは、手と足を振りながら歩いてくるアニメーションを作成する方法を説明します。

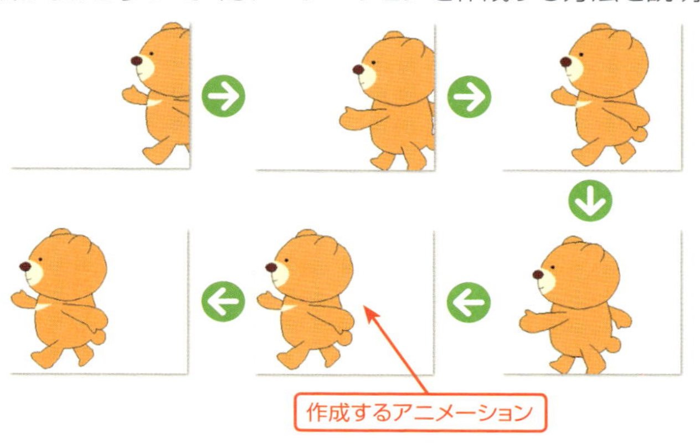

イラストの読み込みとページの設定

ここでは、2つのイラストを使用します。これらのイラストは、1つのファイルとして保存し、9VAeでファイル(イラスト)を開きます。ページを320px × 270pxに設定して、イラストをページに合わせてサイズ変更しておきます。

※ファイル(イラスト)を開く(114ページ参照)、ページの設定(116ページ参照)。

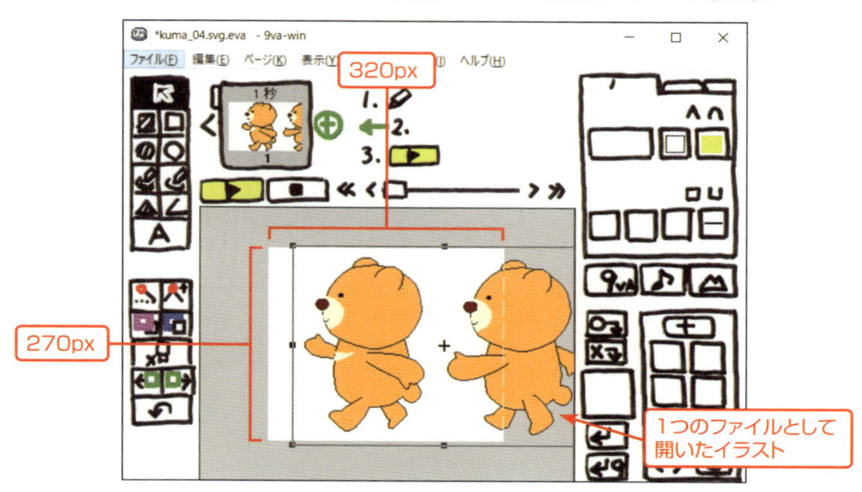

1 グループ解除の実行

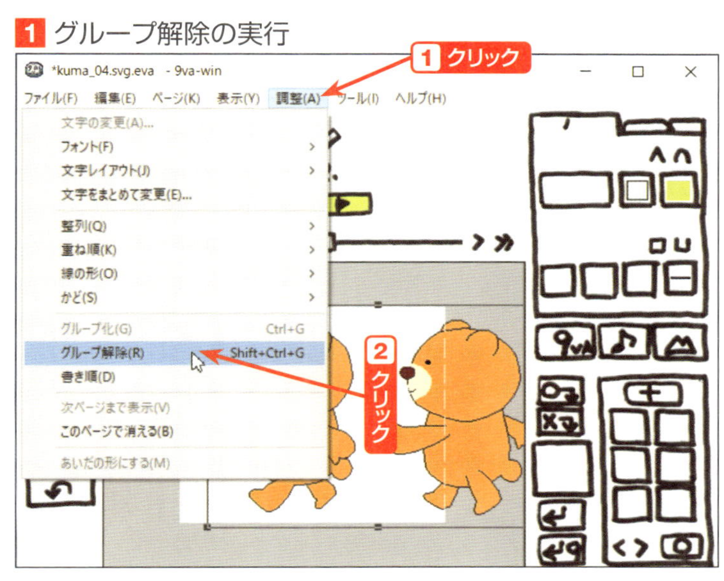

HINT
この操作でイラストのパーツがバラバラになってしまった場合には、1つずつのイラストを個別にグループ化しておきます。

2 イラストの配置

HINT
歩いているときに頭が上下すると自然に見えるので、少しずらして配置します。

3 後から使うイラストの登録

HINT
この機能を使うと、後から使うイラストを格納しておくことができます。

4 記憶したページの挿入

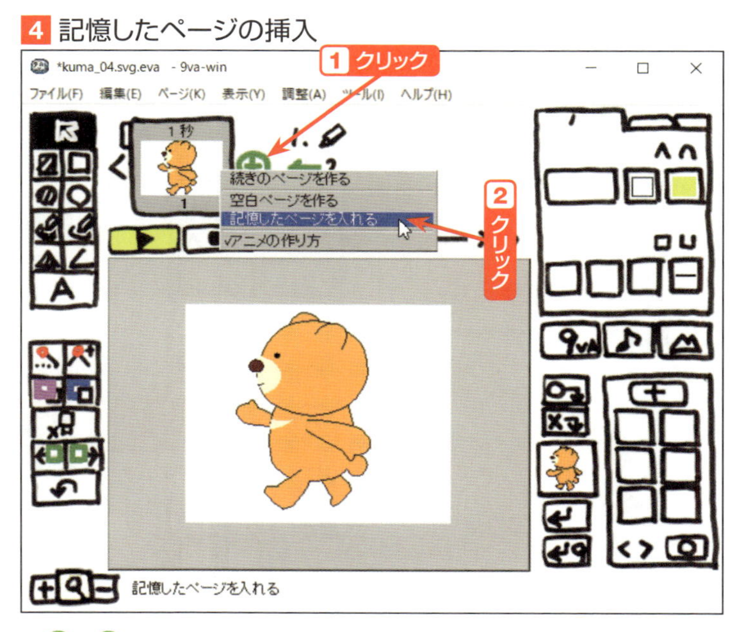

HINT
この操作で、格納したイラストを次のページに挿入することができます。

5 秒数の変更

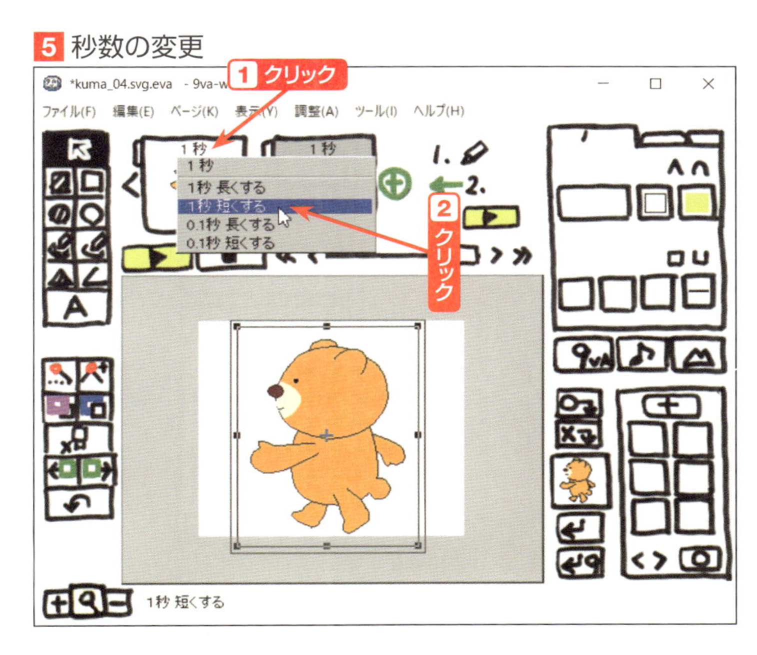
1 クリック
*kuma_04.svg.eva - 9va-w
ファイル(F) 編集(E) ページ(K) 表示(Y) 調整(A) ツール(I) ヘルプ(H)
1 秒
1 秒
1秒 長くする
1秒 短くする
0.1秒 長くする
0.1秒 短くする
2 クリック
1秒 短くする

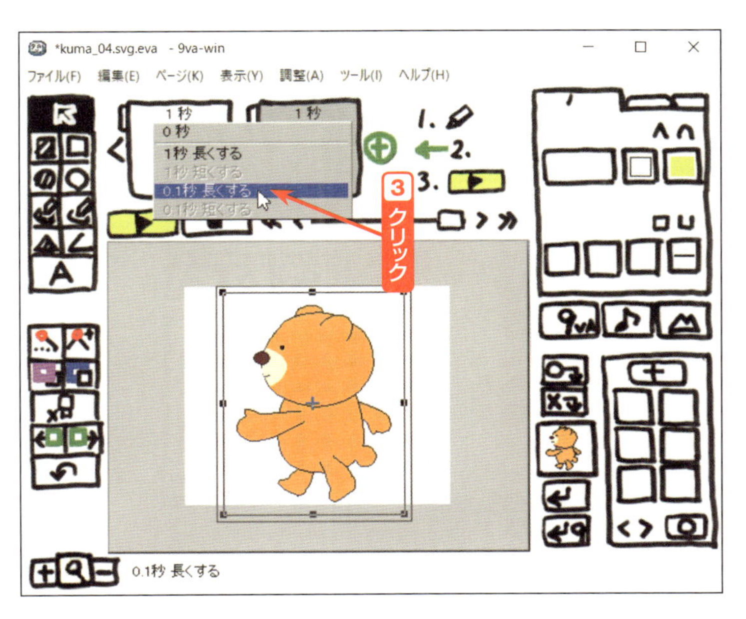
*kuma_04.svg.eva - 9va-win
ファイル(F) 編集(E) ページ(K) 表示(Y) 調整(A) ツール(I) ヘルプ(H)
1 秒
0 秒
1秒 長くする
1秒 短くする
0.1秒 長くする
0.1秒 短くする
3 クリック
0.1秒 長くする

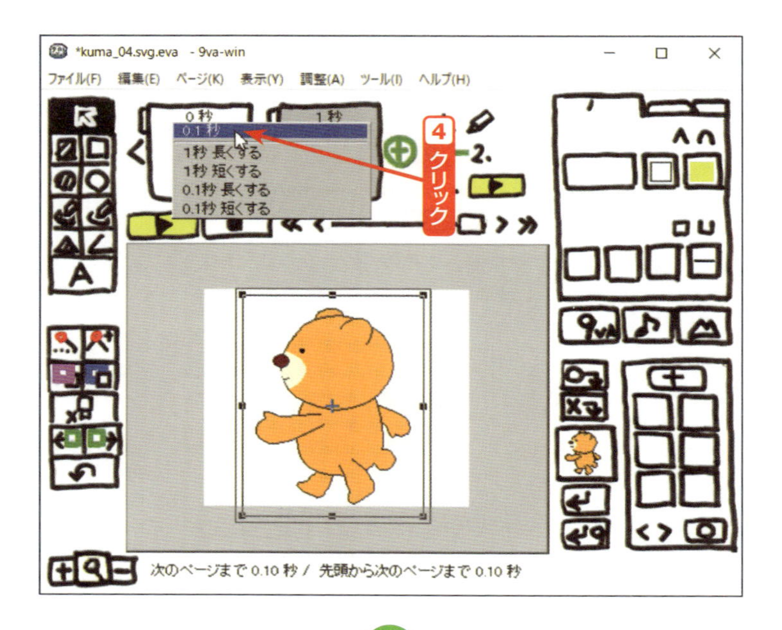
*kuma_04.svg.eva - 9va-win
ファイル(F) 編集(E) ページ(K) 表示(Y) 調整(A) ツール(I) ヘルプ(H)
0 秒
1 秒
0.1 秒
1秒 長くする
1秒 短くする
0.1秒 長くする
0.1秒 短くする
4 クリック
次のページまで 0.10 秒 / 先頭から次のページまで 0.10 秒

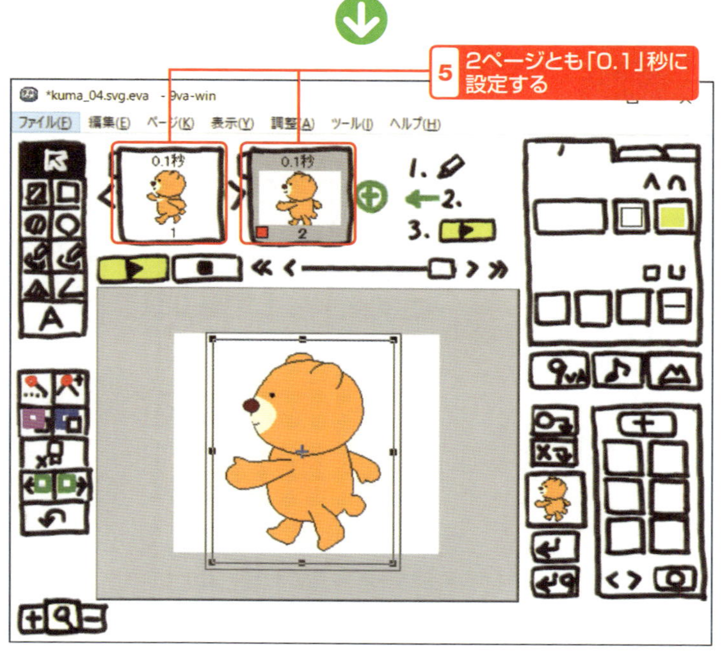
5 2ページとも「0.1」秒に設定する
*kuma_04.svg.eva - 9va-win
ファイル(F) 編集(E) ページ(K) 表示(Y) 調整(A) ツール(I) ヘルプ(H)
0.1秒
0.1秒
1
2

6 「往復」の挿入

1 クリック
*kuma_04.svg.eva - 9va-win
ファイル(F) 編集(E) ページ(K) 表示(Y) 調整(A) ツール(I) ヘルプ(H)
0.1秒
0.1秒
今表示されているページ

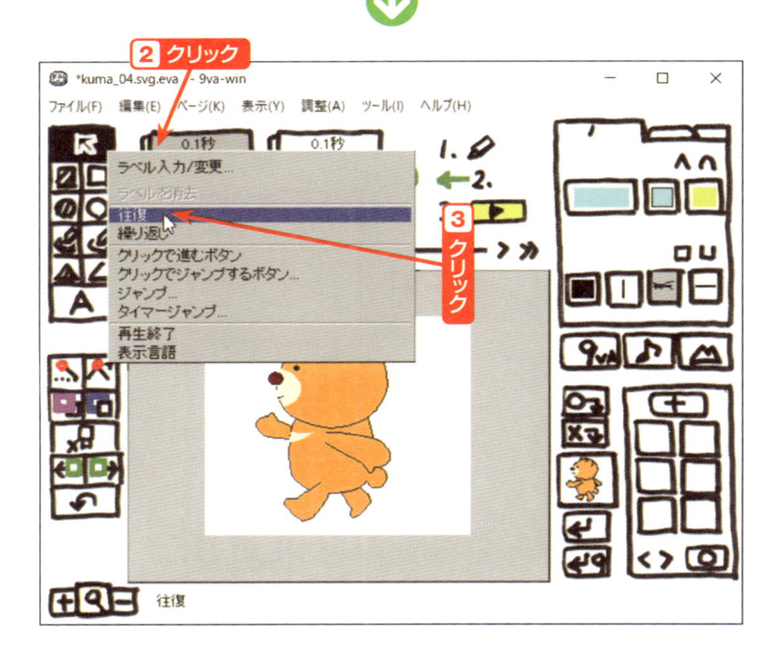

2 クリック
*kuma_04.svg.eva - 9va-win
ファイル(F) 編集(E) ページ(K) 表示(Y) 調整(A) ツール(I) ヘルプ(H)
ラベル入力/変更...
ラベルを消去
往復
繰り返し
クリックで進むボタン
クリックでジャンプするボタン...
ジャンプ...
タイマージャンプ...
再生終了
表示言語
3 クリック
往復

7 「次ページにリンクコピー」の選択

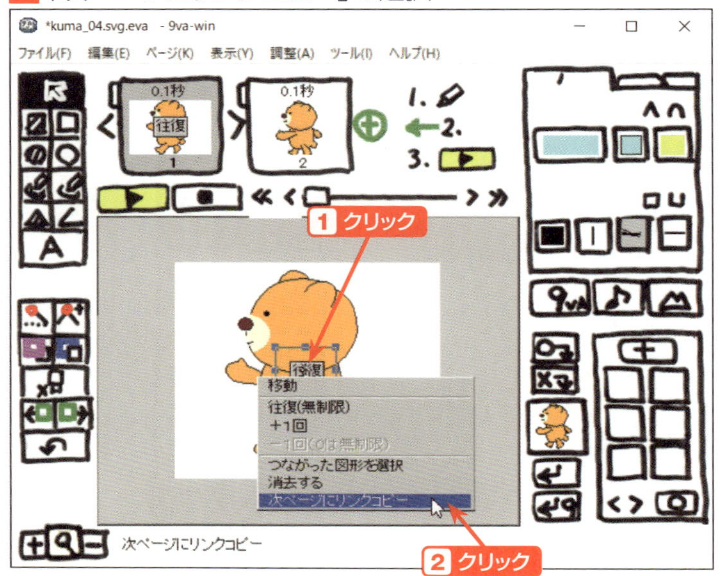

HINT

操作例6～7の操作で、ページ1と2の動作を繰り返すアニメーションが作成されます。この後、再生ボタンを押して確認します。

8 ページの指定

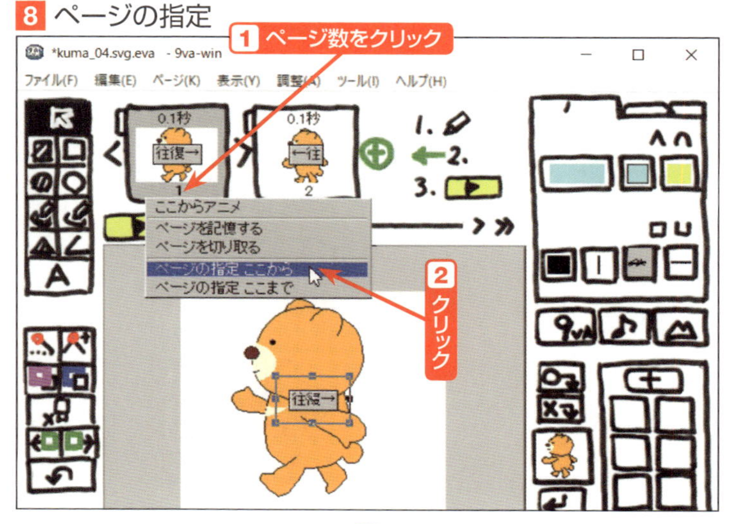

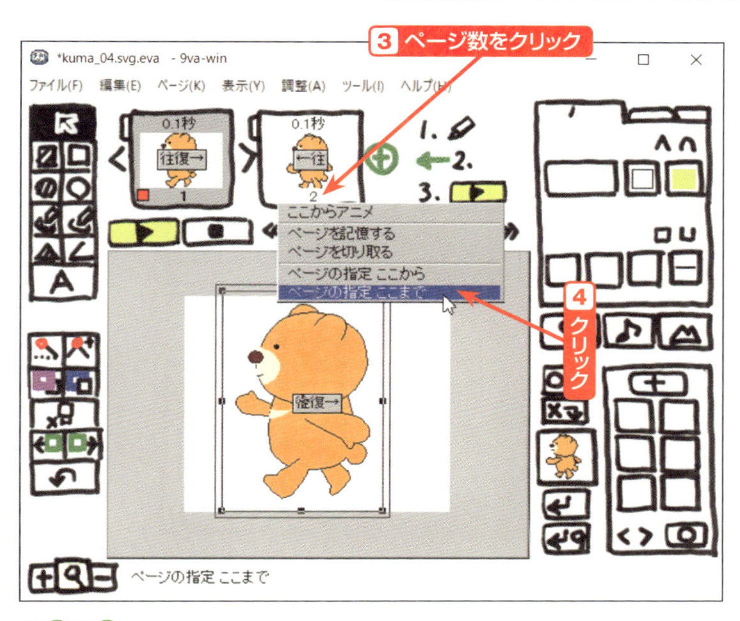

HINT
この操作で、1ページと2ページが選択されます。

9 選択したページを切り取り

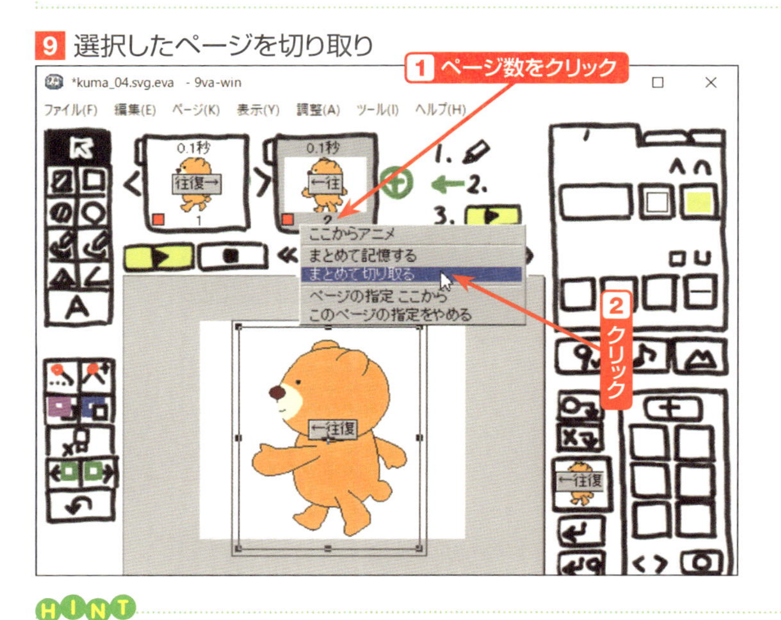

HINT
この操作で、アニメーションが格納され、新規のページが作成されます。

10 アニメキャストの取り出し

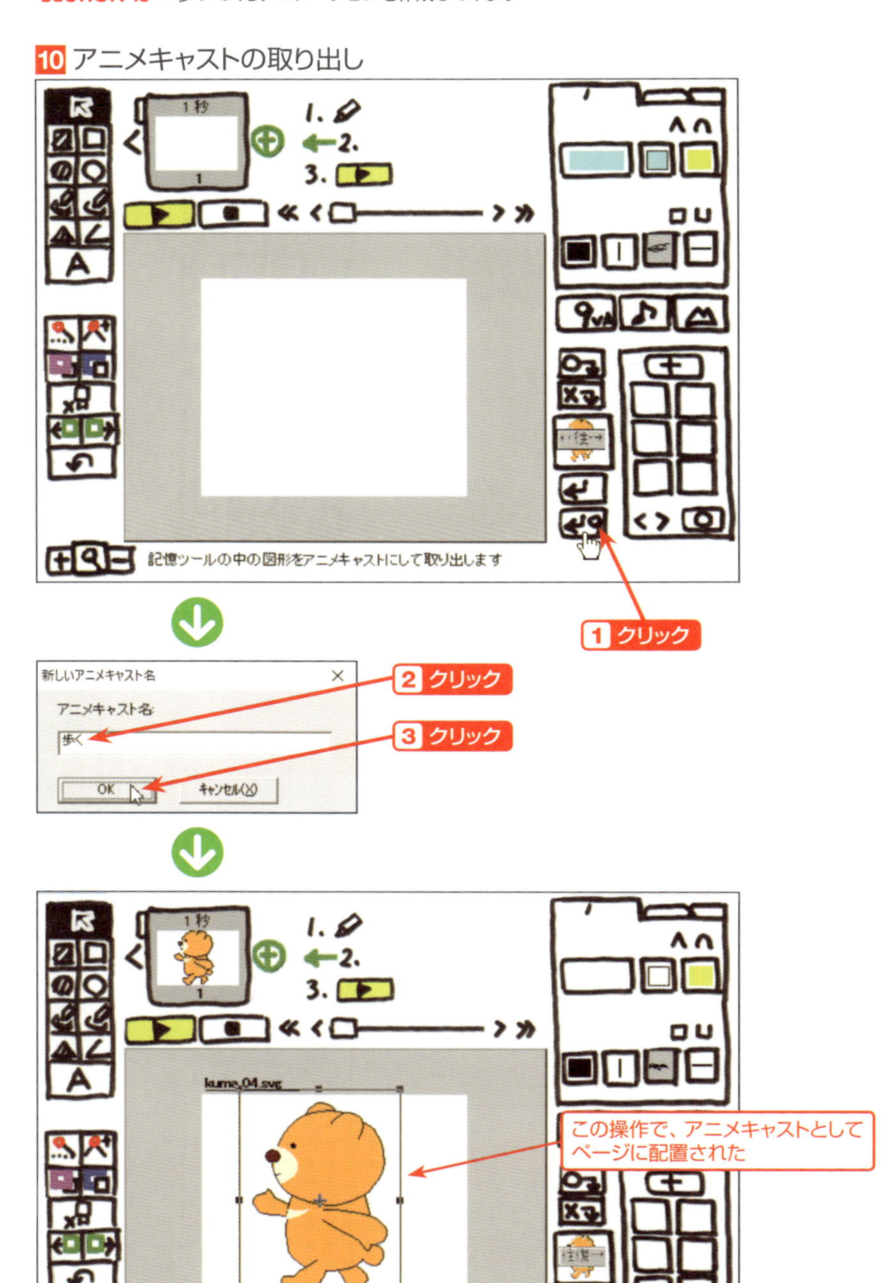

11 アニメキャストの移動

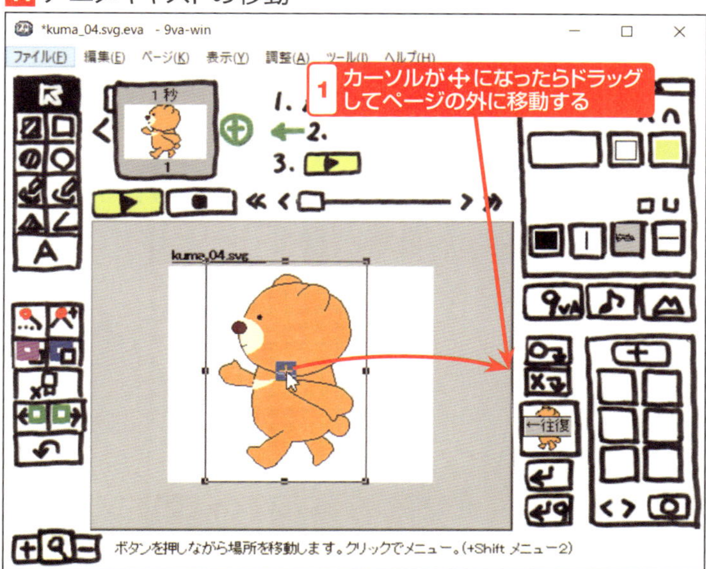

12 次に続くページを作成

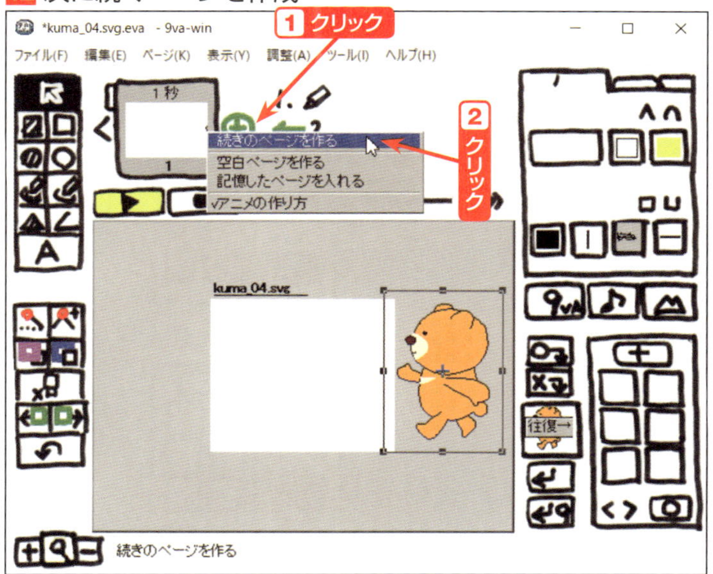

13 アニメキャストの移動

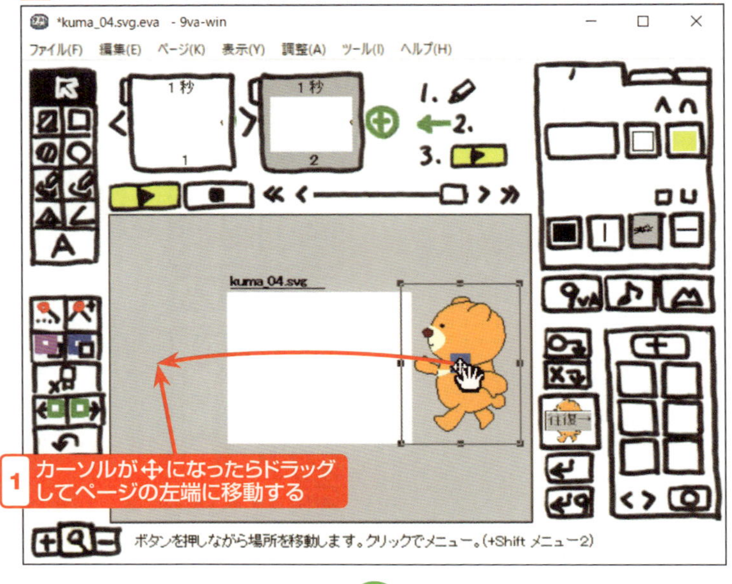

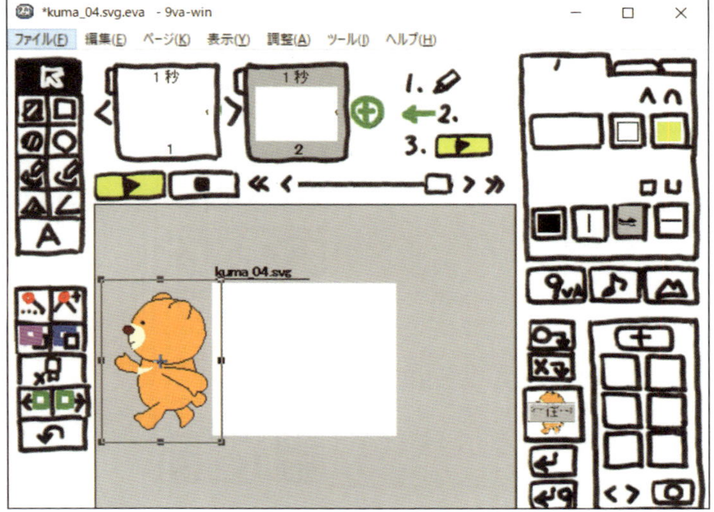

HINT
この後、アニメーションを再生して確認します。その後、PNGファイルとして出力を実行します。

変身するアニメーションを作成してみよう

ここでは、徐々に表情や色が変わるアニメーションを作成する方法を説明します。

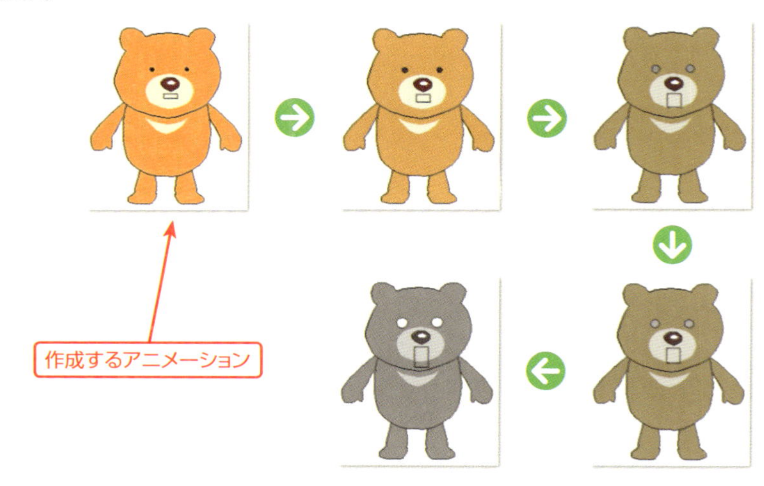

イラストの読み込みとページの設定

ここでは、ファイル(イラスト)を開き、ページを320px × 270pxに設定して、イラストをページ上に配置してあることとします。。

※ファイル(イラスト)を開く(114ページ参照)、ページの設定(116ページ参照)。

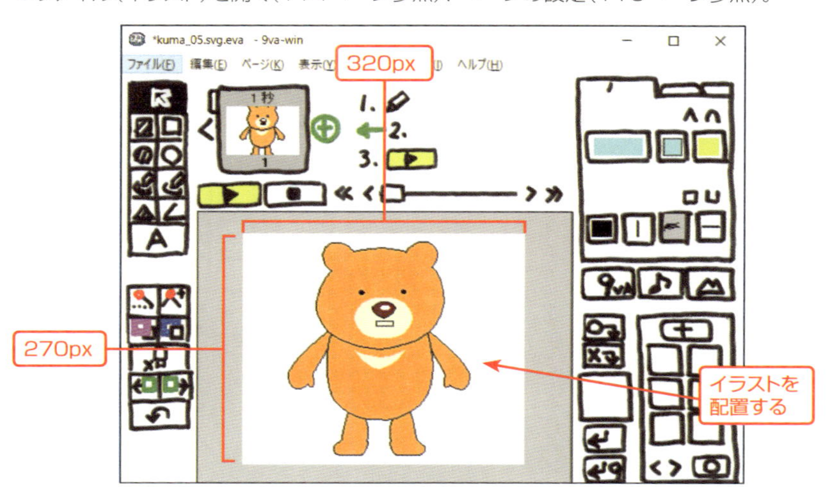

1 続きのページの作成

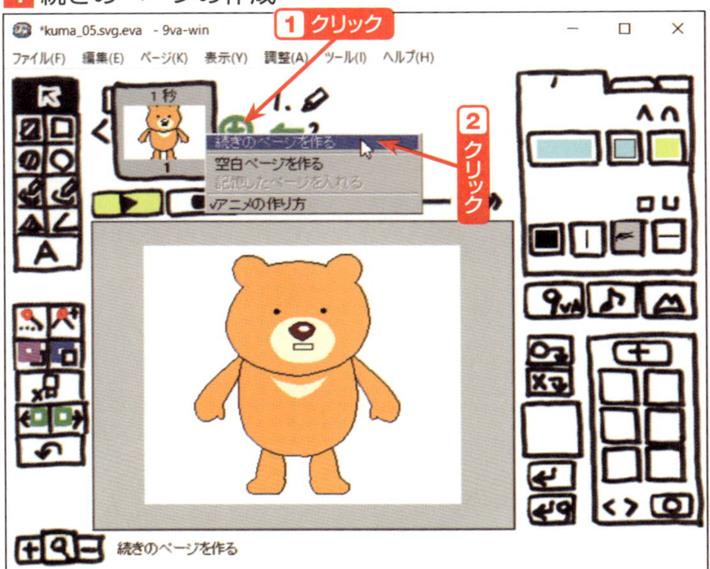

2 グループ解除の実行

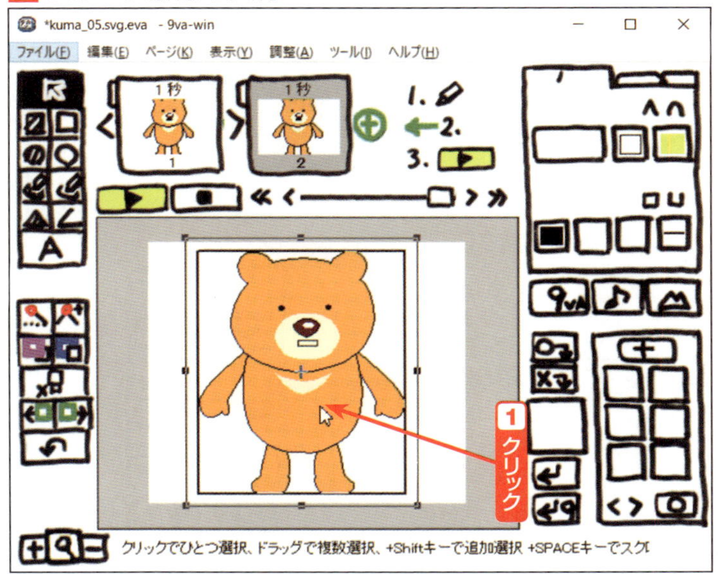

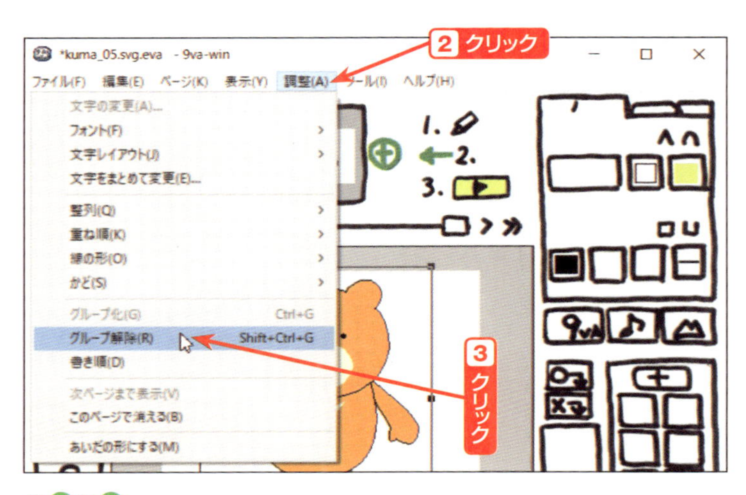

HINT
この操作で、イラストのパーツを個々に選択できるようになります。すでに、パーツごとに選択できる状態であれば、この操作は必要ありません。

3 口の形状のの変更

HINT
ここでは、操作がわかりやすいように画面を拡大しています。

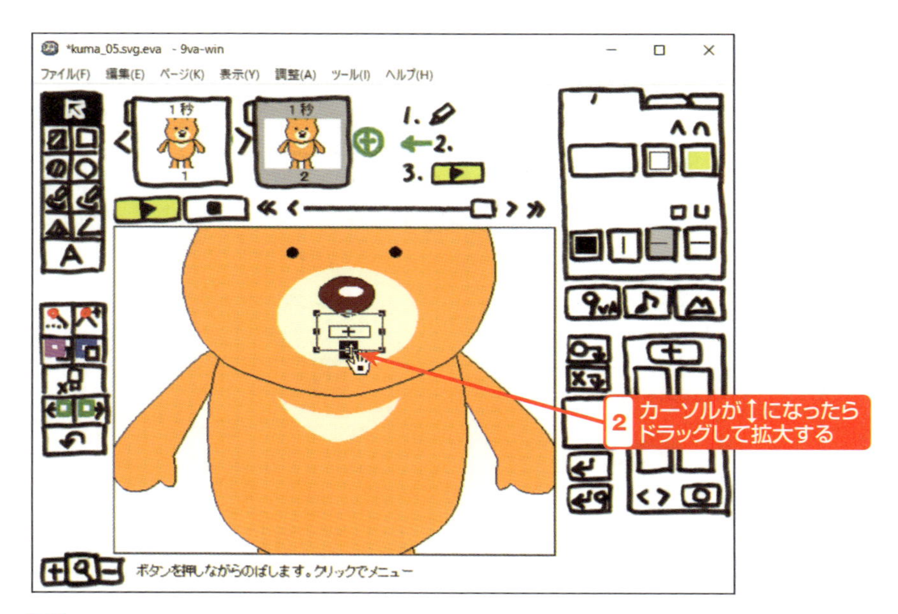
*kuma_05.svg.eva - 9va-win
ファイル(F) 編集(E) ページ(K) 表示(Y) 調整(A) ツール(I) ヘルプ(H)
2 カーソルが↕になったらドラッグして拡大する
ボタンを押しながらのばします。クリックでメニュー

4 目の形状と色の変更

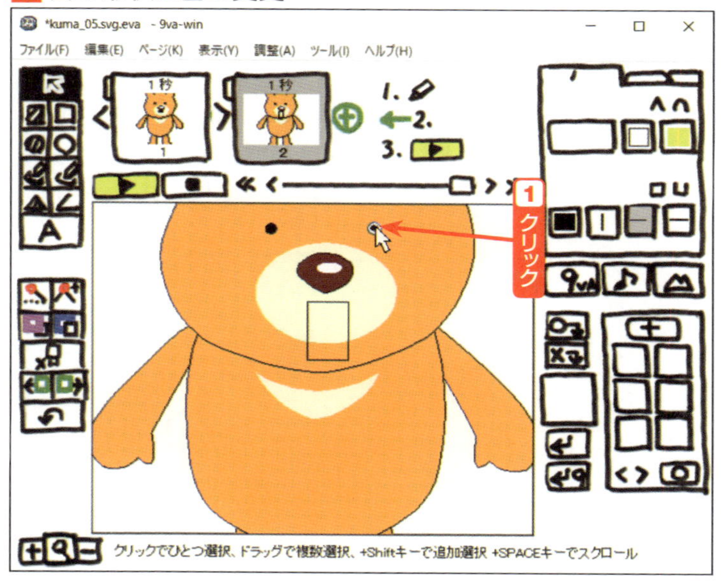
*kuma_05.svg.eva - 9va-win
ファイル(F) 編集(E) ページ(K) 表示(Y) 調整(A) ツール(I) ヘルプ(H)
1 クリック
クリックでひとつ選択、ドラッグで複数選択、+Shiftキーで追加選択 +SPACEキーでスクロール

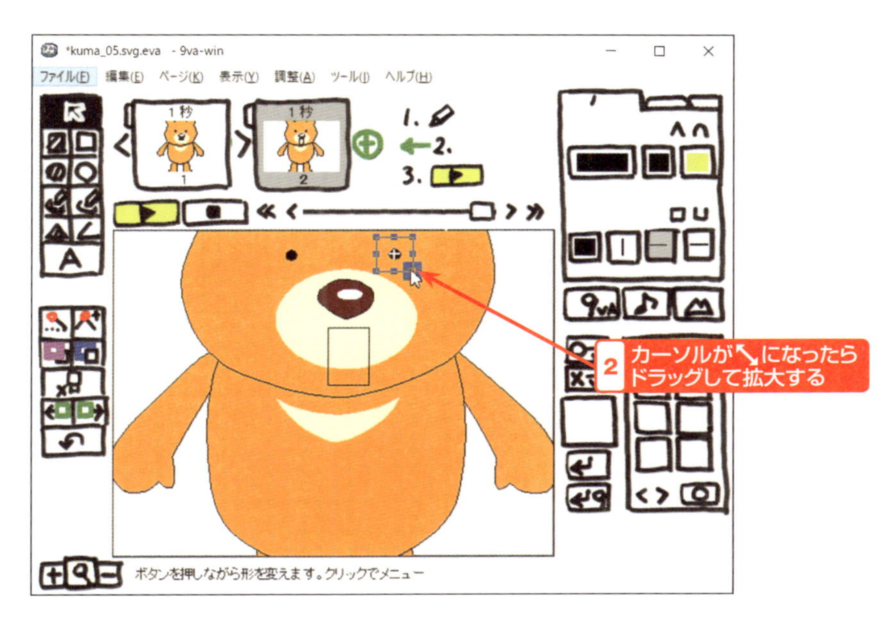
*kuma_05.svg.eva - 9va-win
ファイル(F) 編集(E) ページ(K) 表示(Y) 調整(A) ツール(I) ヘルプ(H)
1 秒
1 秒
2 カーソルが↖↘になったらドラッグして拡大する
ボタンを押しながら形を変えます。クリックでメニュー

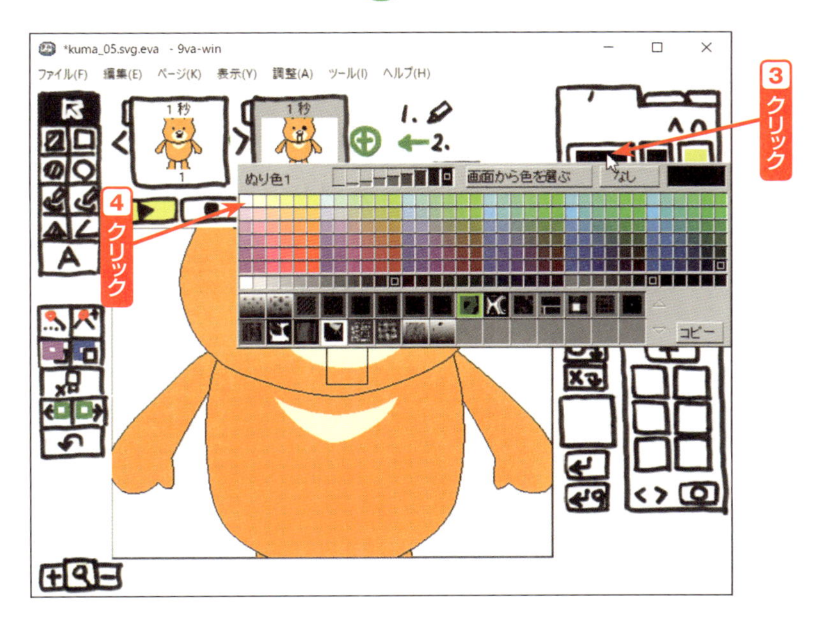
*kuma_05.svg.eva - 9va-win
ファイル(F) 編集(E) ページ(K) 表示(Y) 調整(A) ツール(I) ヘルプ(H)
1 秒
1 秒
3 クリック
4 クリック
ぬり色1
画面から色を選ぶ
なし
コピー

*kuma_05.svg.eva - 9va-win
ファイル(F) 編集(E) ページ(K) 表示(Y) 調整(A) ツール(I) ヘルプ(H)
目が白色に変更
される

*kuma_05.svg.eva - 9va-win
ファイル(F) 編集(E) ページ(K) 表示(Y) 調整(A) ツール(I) ヘルプ(H)
5 左側の目も同じように
拡大して色を変更する

5 全体の色の変更

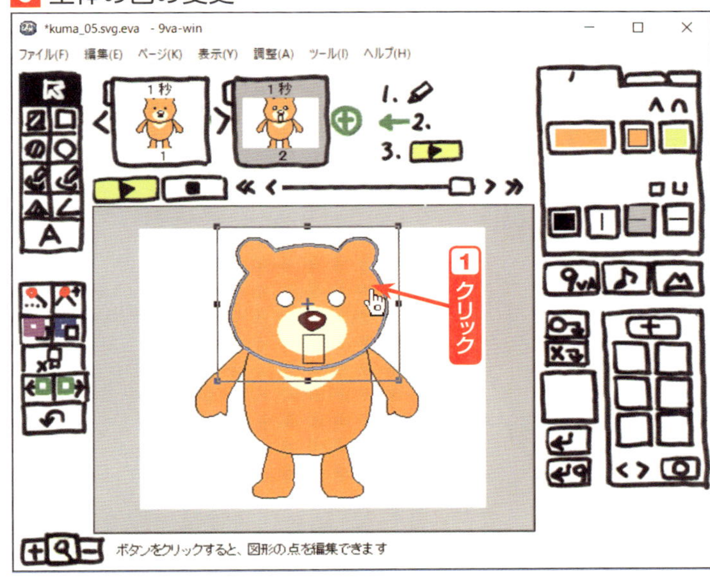
*kuma_05.svg.eva - 9va-win
ファイル(F) 編集(E) ページ(K) 表示(Y) 調整(A) ツール(I) ヘルプ(H)
1 秒
1 秒
1 クリック
ボタンをクリックすると、図形の点を編集できます

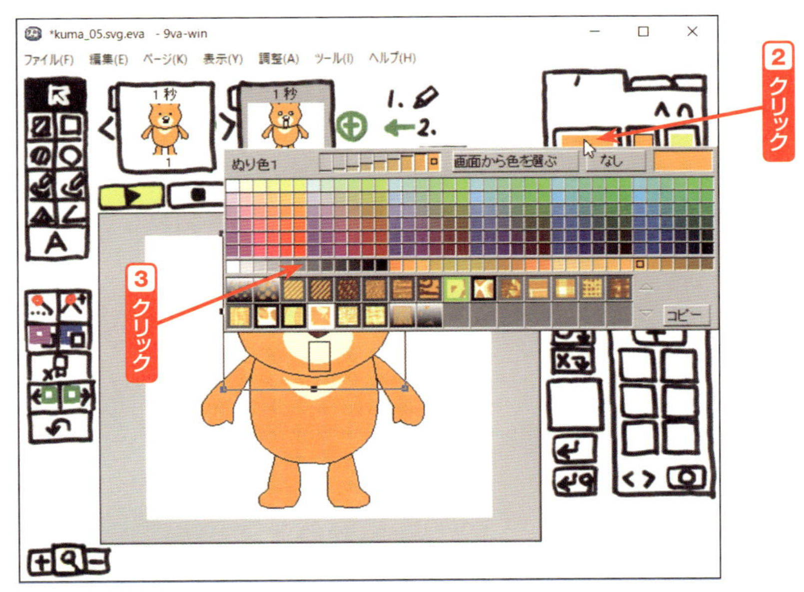
*kuma_05.svg.eva - 9va-win
ファイル(F) 編集(E) ページ(K) 表示(Y) 調整(A) ツール(I) ヘルプ(H)
1 秒
1 秒
2 クリック
ぬり色1
画面から色を選ぶ
なし
3 クリック
コピー

HINT

この後、アニメーションを再生して確認します。その後、余白を削除して、PNGファイルとして出力を実行します。

CHAPTER

アニメーションスタンプを登録・販売してみよう

作成したアニメーションスタンプを最終チェックする

アニメーションスタンプが完成したら、メイン画像、トークタブ画像と合わせて次のようにファイル名を付けてまとめておきます。また、フレームの幅と高さ、ファイルサイズがLINEの基準に合っているかどうか、再度確認しておきましょう。

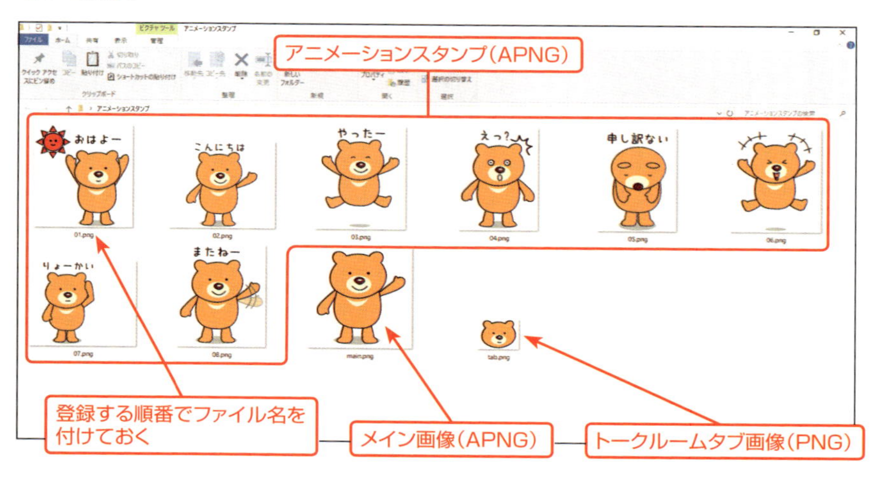

サイズの確認方法

各ファイルにマウスを合わせると、次のようにファイルの情報が表示されるので、すべてのファイルの内容を確認しておきます。

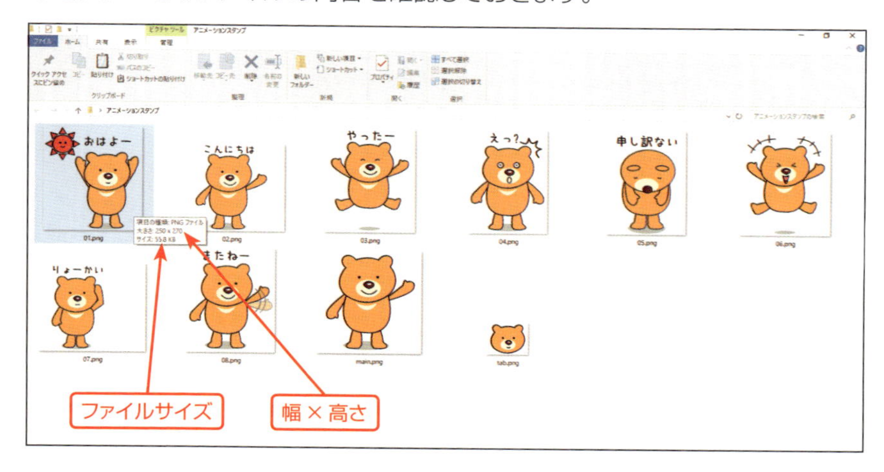

最終チェック項目

◆アニメーションスタンプ

- 幅 × 高さが320px × 270px以内で、どちらかが270px以上（高さは270pxまで）
- ファイルサイズが300KB以下
- 最初の画像（1フレーム目）がスタンプの趣旨がわかる内容になっているか

◆メイン画像

- 幅 × 高さが240px × 240px
- アニメーションスタンプで作成されている

◆トークルームタブ画像

- 幅 × 高さが96px × 74px
- PNG形式の静止画で作成されている

ONEPOINT

ファイルサイズが容量オーバーしてしまったら

アニメーションスタンプのファイルサイズが300KBより大きくなってしまったときには、次のような、PNGファイルの圧縮ツールを利用すると、ファイルサイズを削減することができます。ただし、圧縮は画像の減色処理によって行われるため、もとのファイルをコピーしてから実行するなどの注意が必要です。

- Pngyu（PNGファイルの圧縮ツール）
  URL http://nukesaq88.github.io/Pngyu/ja.html

◉Pngyu

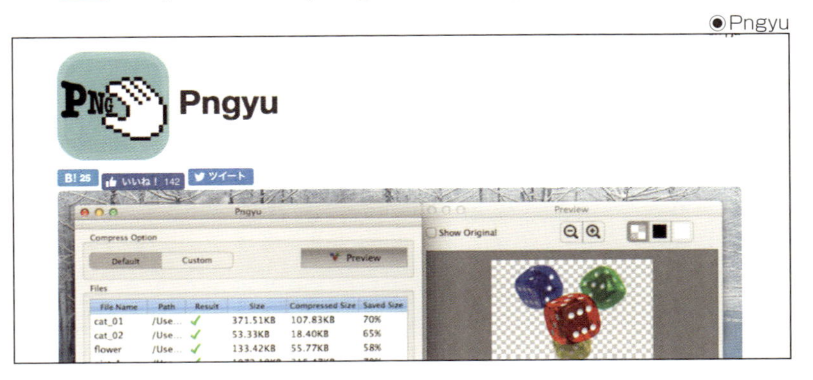

アニメーションスタンプのスタンプ情報を入力する

ここでは、作成したアニメーションスタンプの基本情報を入力する方法を説明します。

1 LINE Creators Marketのログイン画面の表示

2 ログインの実行

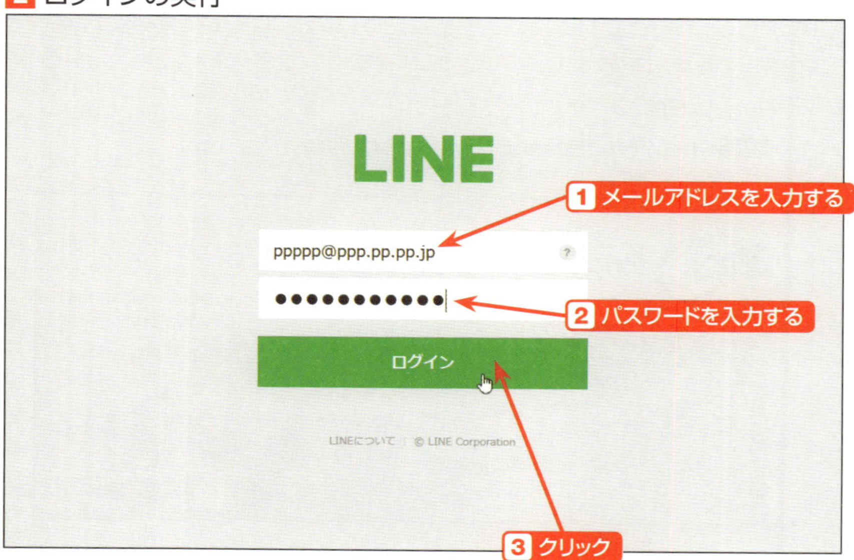

3 新規登録画面の表示

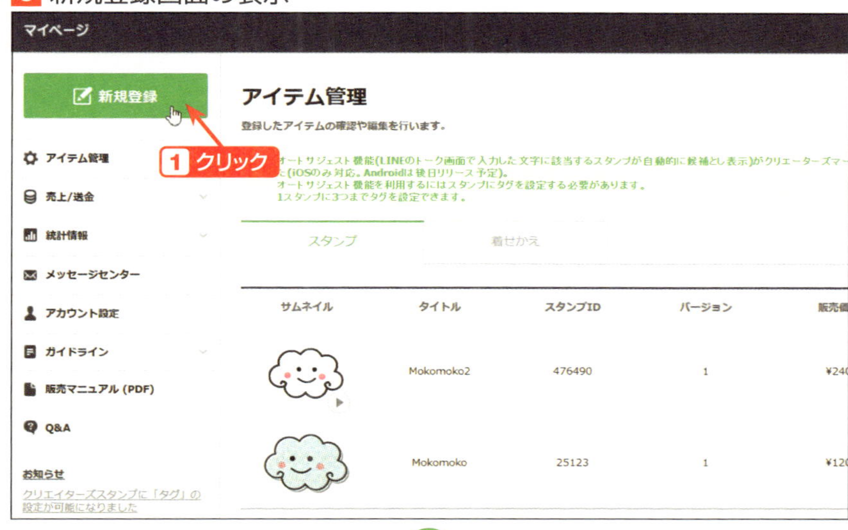

HINT

クリエイターズスタンプを登録・申請する際には、売上金の入金先である「送金先情報」を入力しておく必要があります。この操作を行う前に、「送金先情報」の入力を促す画面が表示された場合には、入力を実行してから操作を行ってください。

4 スタンプ情報の入力(英語)

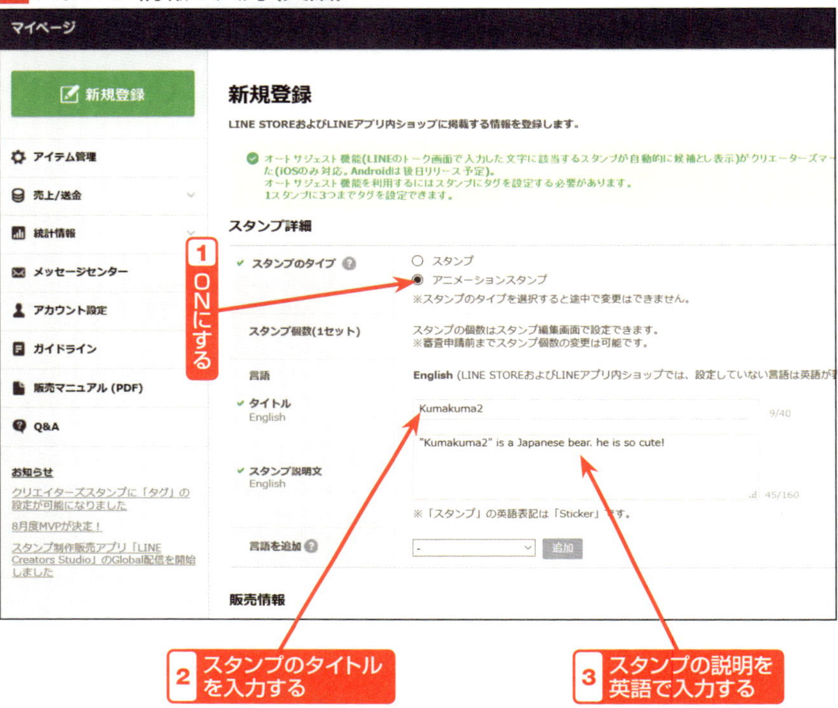

HINT

固有名詞やスペルミスには文字下に赤い波線が表示され、使用できない文字が使われている場合にはメッセージが表示されます。スペルなどが間違っている場合は、スタンプ審査のリジェクト対象になるため、入力には注意する必要があります。また、全角スペース、特殊文字、絵文字は使用できません。

HINT

タイトルに「LINE」の文字を付けるとリジェクトの対象になるので注意が必要です。また、すでに他のユーザーが同じタイトル名を使用している場合には、別の名前に変更する必要があります(同じタイトルが存在する場合には保存時に表示される)。

HINT

スタンプ説明には、「.com」などURLと見なされるような単語を入力するとリジェクトの対象になるので注意が必要です。

5 スタンプ情報の入力(日本語)

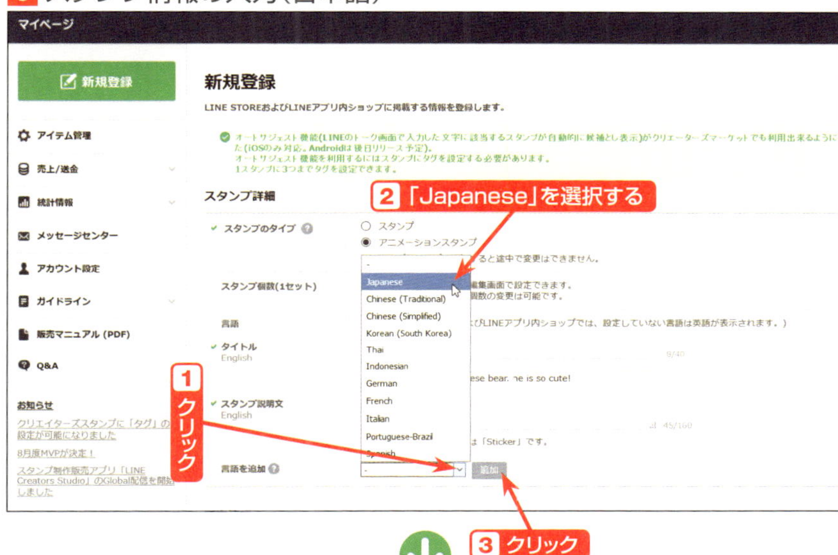

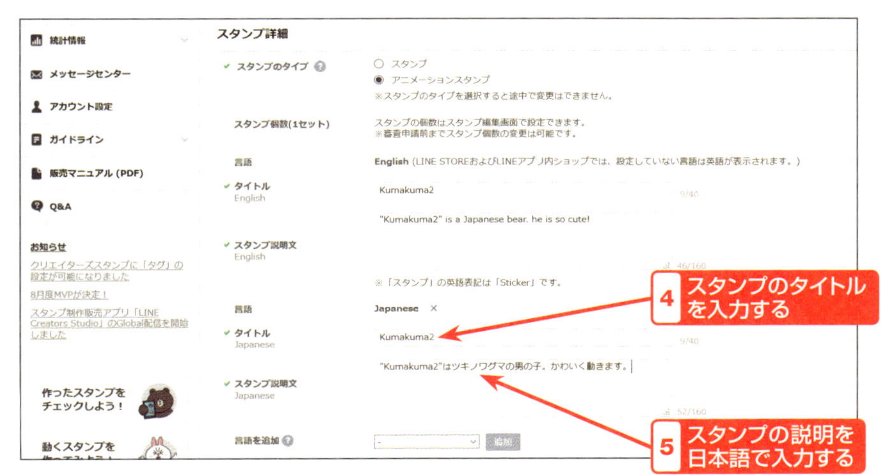

HINT

誤字脱字がある場合には、スタンプ審査のリジェクト対象になるため、入力には注意する必要があります。また、特殊文字や絵文字は使用できません。

HINT

他の言語を追加する場合には、操作1のタイミングで他の言語を選択し、同様にタイトルや説明を入力します。

6 販売情報の入力

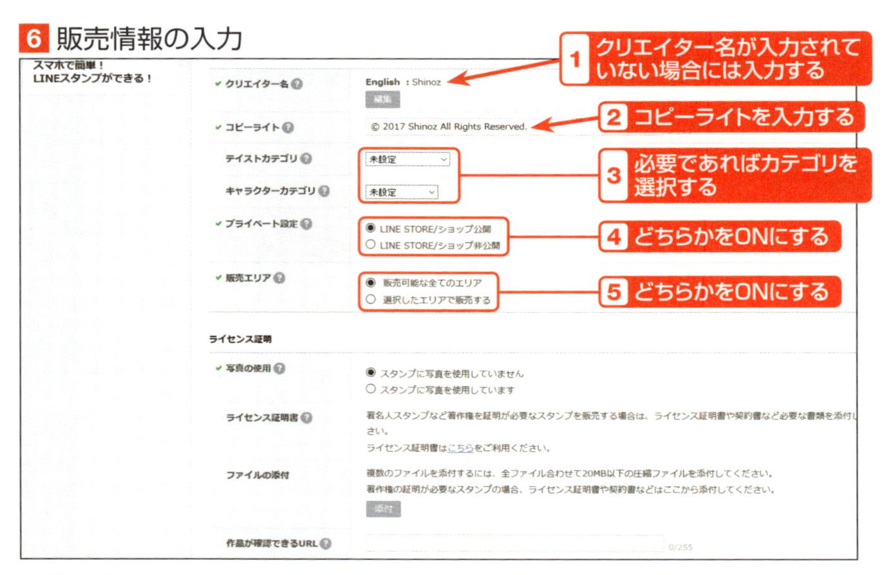

HINT
コピーライトの記述方法については、179ページのONEPOINTを参照してください。

HINT
テイストカテゴリ、キャラクターカテゴリを選択すると、LINE STORE内のカテゴリに掲載されます（未設定のままでも可）。

HINT
販売エリアを指定する場合には、「選択したエリアのみ」をONにして、表示されるエリアから選択します。

7 ライセンス証明の入力

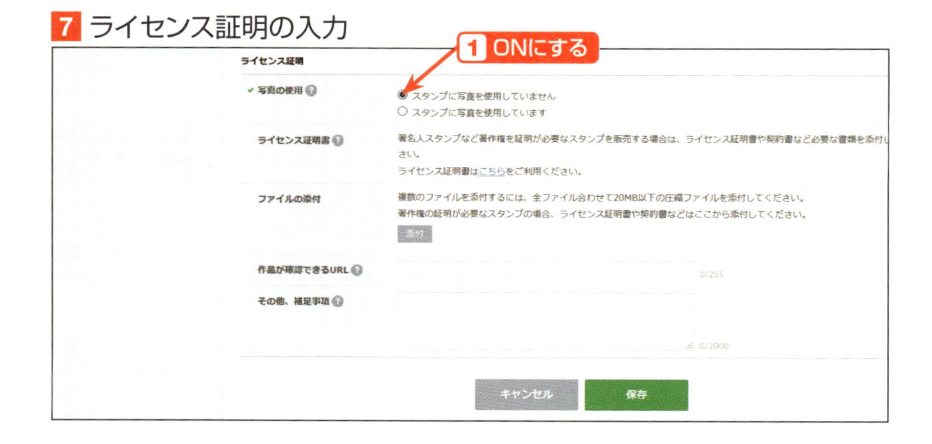

8 保存の実行

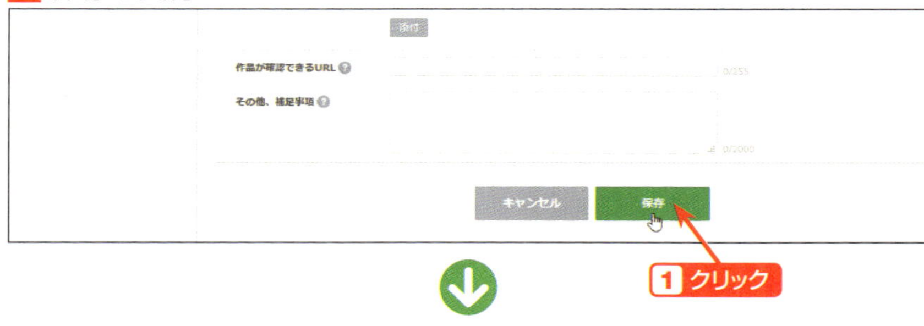

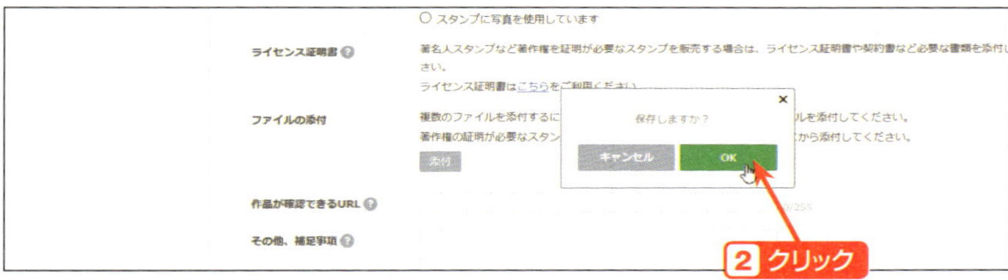

HINT

他のユーザーがすでにタイトル名を使用しているなど、内容に不備がある場合には、保存が実行されないので確認・修正が必要です。

ONEPOINT

コピーライトについて

コピーライトとは、著作権者や著作物の発行年などに関する表示です。クリエイターズスタンプを申請する際には、コピーライトを記述する必要があります。コピーライトは、通常、次のように記述します。

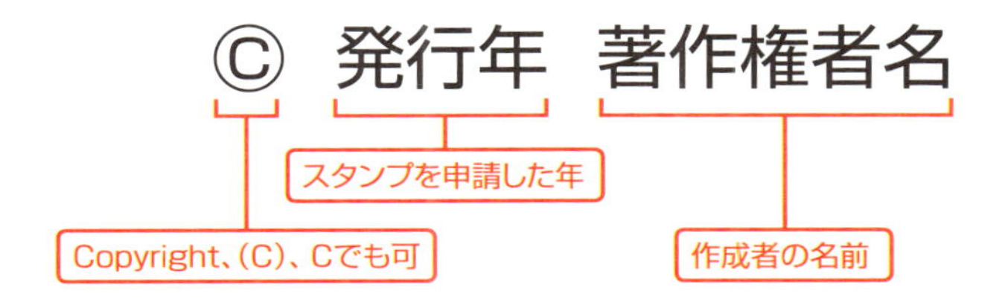

※著作権者名と発行年の記述はどちらが先でもよい。
※よくある行末の「All Rights Reserved.」は記述してもしなくても問題ない。

なお、LINEでは、コピーライトの記述のみ特殊文字「©」「®」「TM」が使用できます。

アニメーションスタンプを登録する

ここでは、172ページで用意した8個のアニメーションスタンプ、メイン画像、トークルームタブ画像を登録する方法を説明します。

1 スタンプ画像登録画面の表示

HINT

LINE Creators Marketのマイページを開く方法は、174ページを参考にしてください。ここでは、176～179ページの要領でスタンプの情報は入力してあることとします。

2 編集画面の表示

3 スタンプの登録

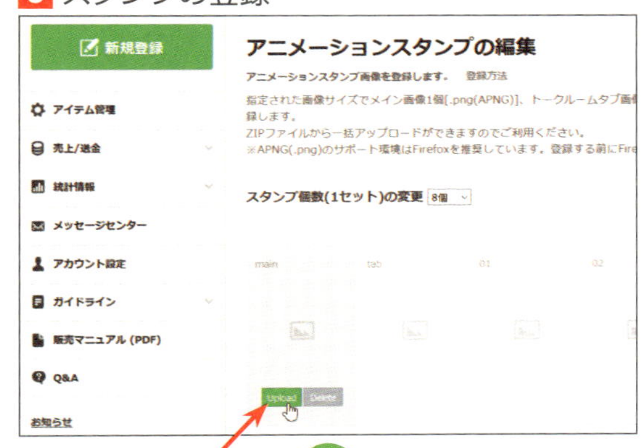

HINT
アニメーションスタンプの個数が16個または24個の場合には「スタンプ個数(1セット)の変更」をクリックして変更します。

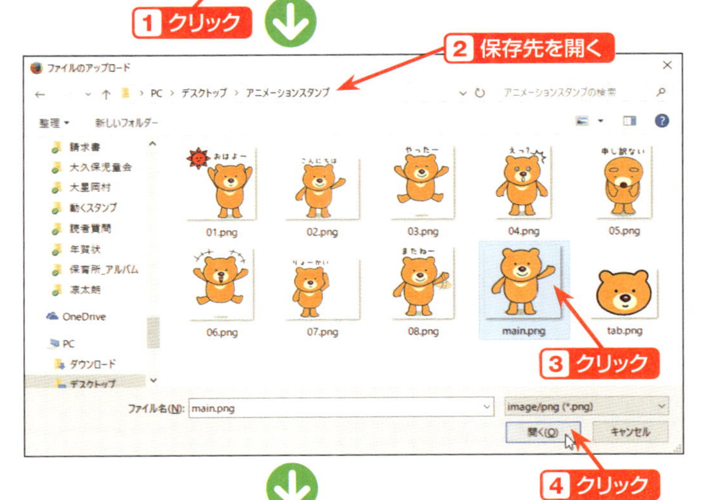

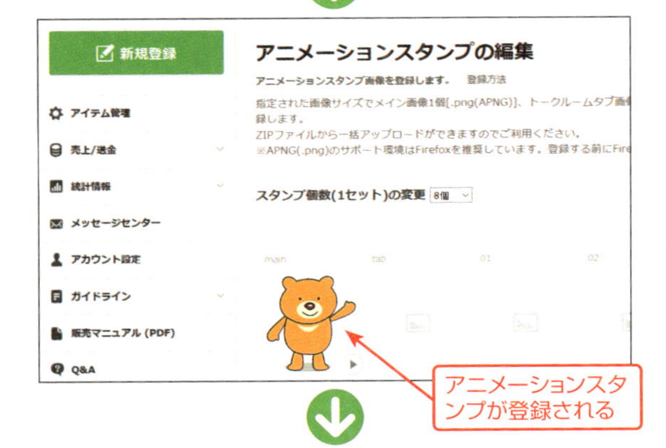

HINT
▶をクリックするとアニメーションを再生できます。

HINT

ここでは、ファイルを1個ずつ登録しています。ZIPファイルにまとめて一括でアップロードする場合には、ZIPファイル アップロード をクリックしてファイルを選択します。

HINT

ファイルをアップロードしたときにエラーが表示された場合には、190ページのONEPOINTを参照してください。

4 登録の完了

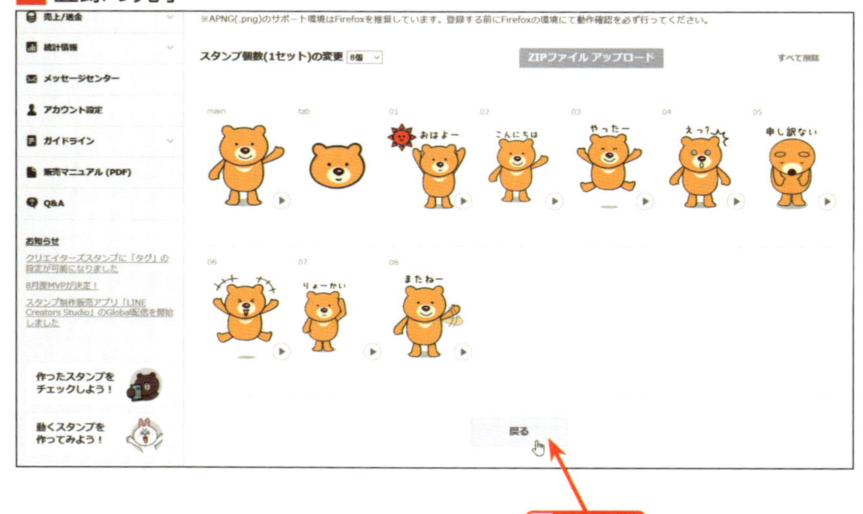

5 プレビューの表示

マイページ
新規登録
アイテム管理
売上/送金
統計情報
メッセージセンター
アカウント設定
ガイドライン
販売マニュアル (PDF)
Q&A
お知らせ
アイテム管理
プレビュー
リクエスト
1 クリック
オートサジェスト機能(LINEのトーク画面で入力した文字に該当するスタンプが自動的に候補とし表示)がクリエーターズマーケットでも利用出来るようになりました(iOSのみ対応。Androidは後日リリース予定)。
オートサジェスト機能を利用するにはスタンプにタグを設定する必要があります。
1スタンプに3つまでタグを設定できます。
ステータス ● 編集中
表示情報
スタンプ画像
タグ設定
販売価格情報
おはよー
こんにちは
やったー
えっ?
申し訳ない

English
3 クリックして「Japanese」を選択する
Shinoz
Kumakuma2
2 スタンプを確認する
"Kumakuma2" is a Japanese bear. he is so cute!
おはよー
こんにちは
やったー
えっ?
申し訳ない
りょーかい
またねー
© 2017 Shinoz All Rights Reserved

6 タグの設定画面の表示

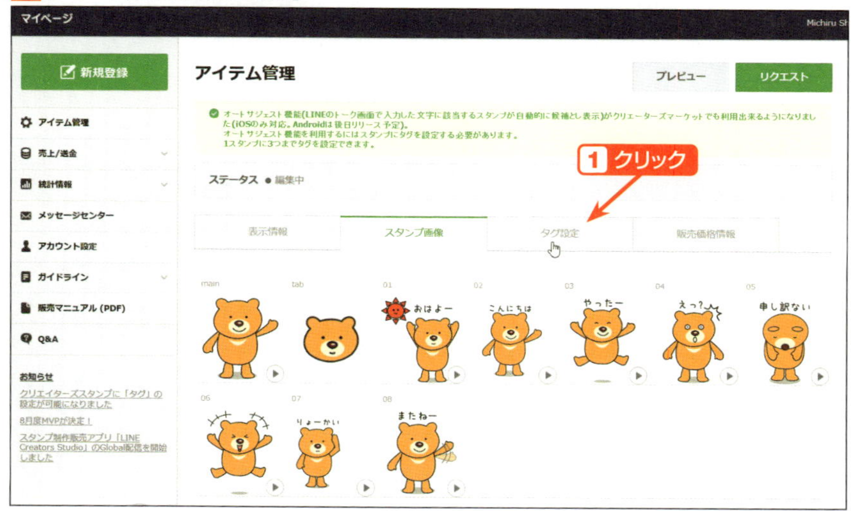

7 タグの編集の実行

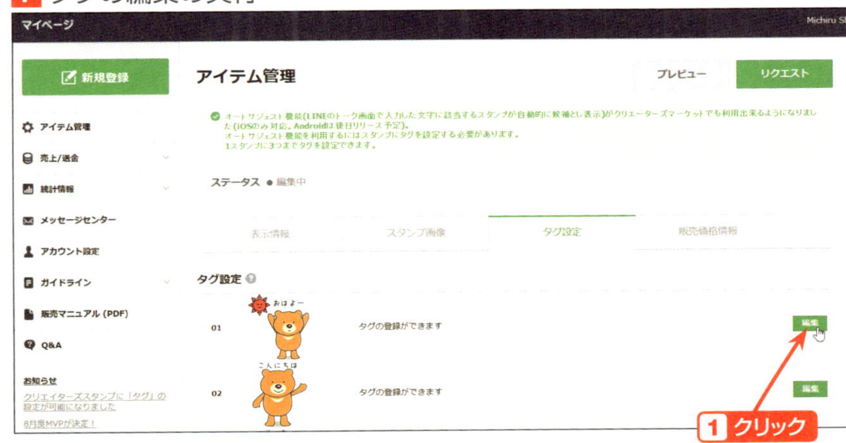

8 タグの選択と保存

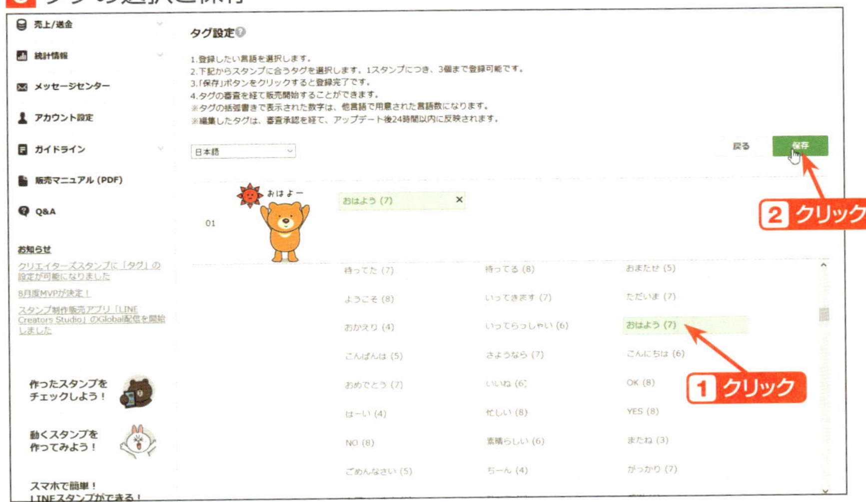

HINT

スタンプの内容に合うタグを3つまで選択できます。スタンプに合わないタグを選択するとリジェクトの対象になるので注意が必要です。タグについては191ページのONEPOINTを参照してください。

HINT

タグに表示されている数字は、タグが翻訳されている国数です。クリックすると内容が表示されます。

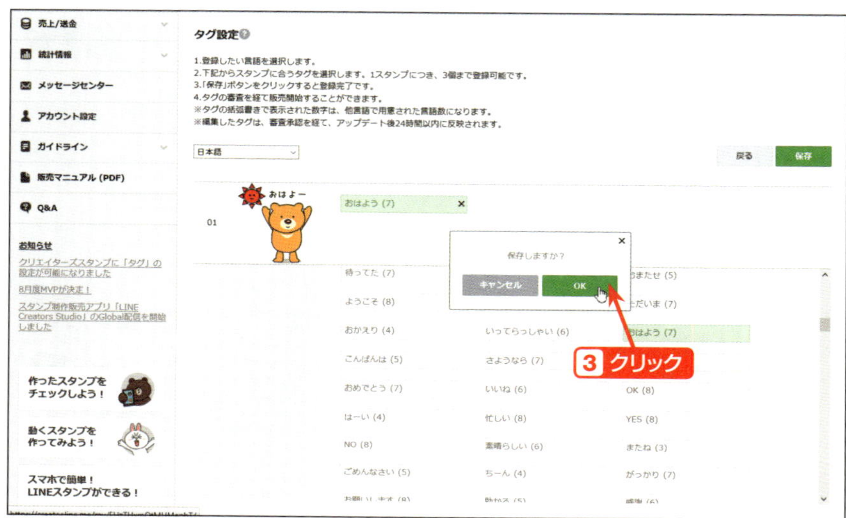
タグ設定
1.登録したい言語を選択します。
2.下記からスタンプに合うタグを選択します。1スタンプにつき、3個まで登録可能です。
3.「保存」ボタンをクリックすると登録完了です。
4.タグの審査を経て販売開始することができます。
※タグの括弧書きで表示された数字は、他言語で用意された言語数になります。
※編集したタグは、審査承認を経て、アップデート後24時間以内に反映されます。
保存しますか？
キャンセル
OK
3 クリック

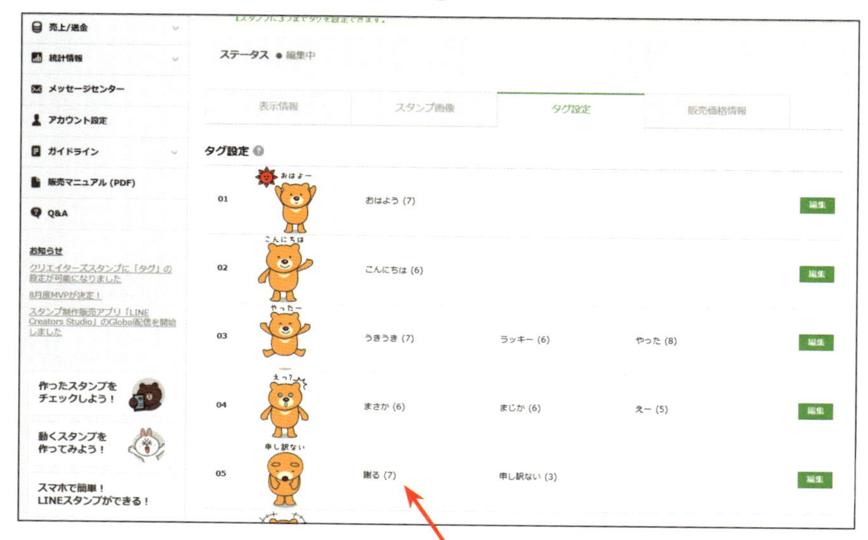
ステータス ● 編集中
表示情報
スタンプ画像
タグ設定
販売価格情報
タグ設定
4 操作例7〜8の要領でタグを設定する

9 販売価格の設定

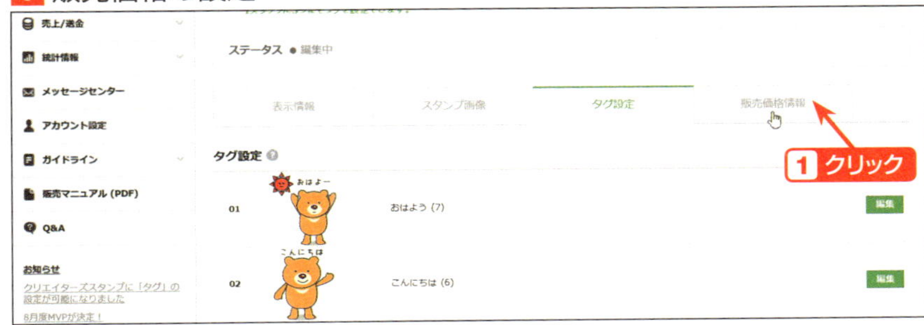

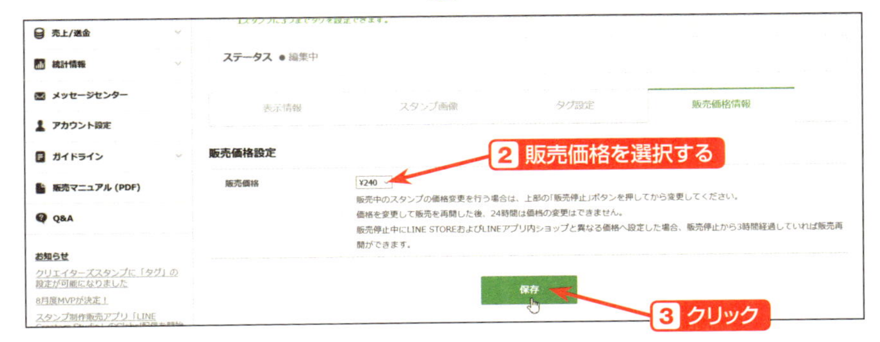

10 リクエストの実行

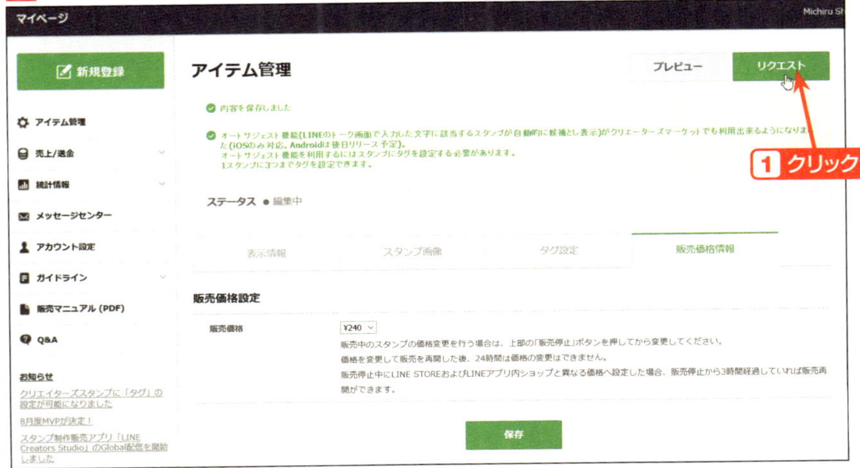

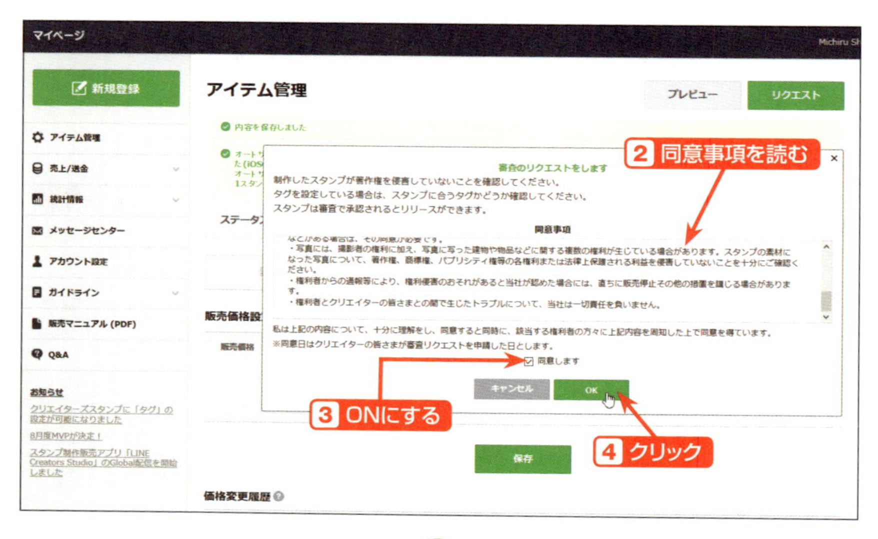
2 同意事項を読む
3 ONにする
4 クリック

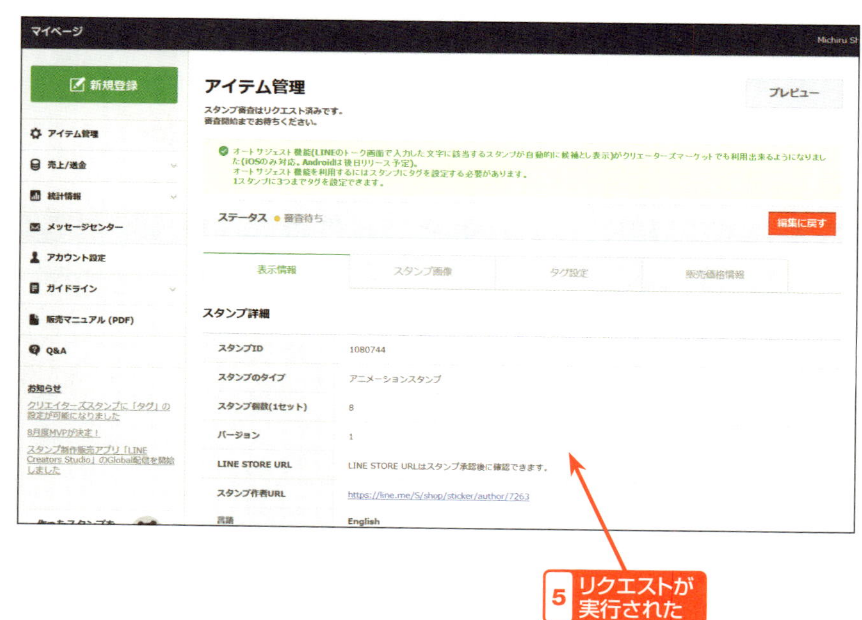
5 リクエストが実行された

11 メールとLINEの受信

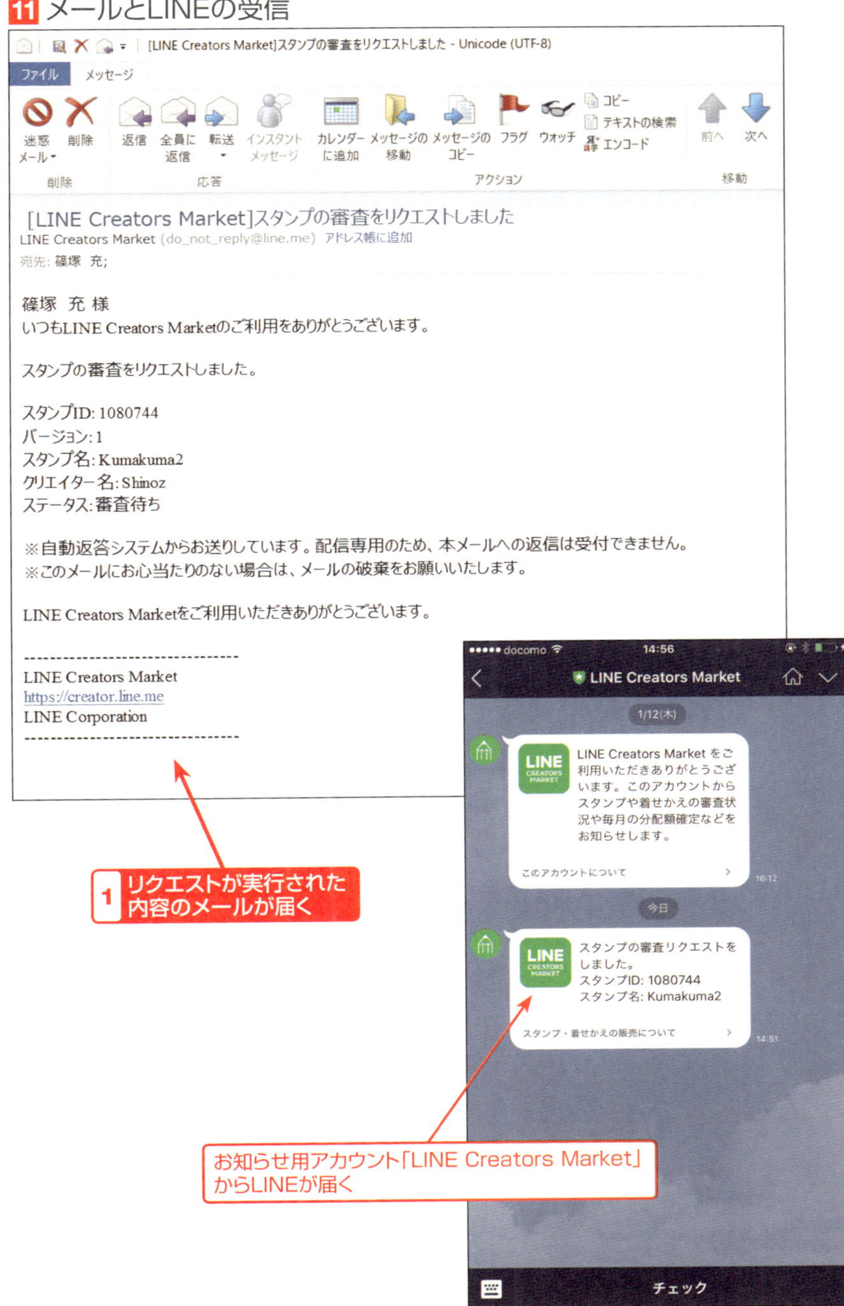

ONEPOINT スタンプ登録時にエラーが表示された場合

181ページの要領で、アニメーションスタンプを登録した際に、次のようにエラーが表示されることがあります。このようなときは、Error をクリックすると、エラーになった原因が表示されるので、内容を確認し、アニメーションスタンプを修正して再度アップロードする必要があります。

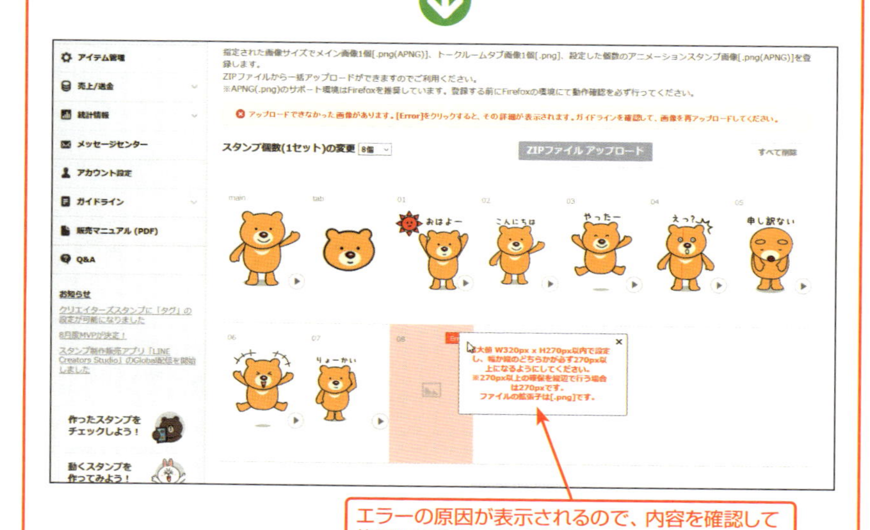

ONEPOINT
スタンプのタグについて

184〜185ページの操作例6〜8でスタンプにタグを設定すると、LINEのトーク画面でそのタグに該当する文字を入力した際に、自動的にスタンプの候補として表示されるようになります（オートサジェスト機能）。この機能は、スタンプを購入していないユーザーの候補としても表示されることがあります。ただし、オートサジェスト機能は、iOSのみ対応です（平成30年1月現在）。

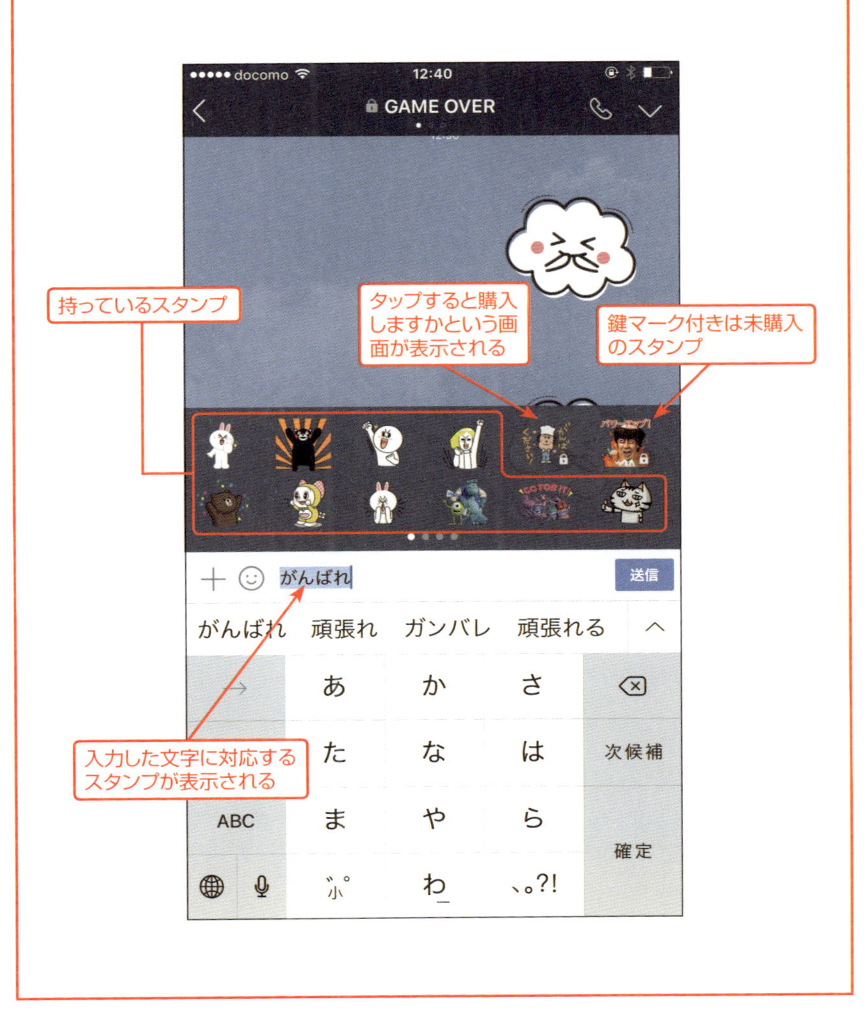

審査状況を確認する

ここでは、スタンプをリクエストした後の状況を確認する方法を説明します。

リクエストしたスタンプのステータス(状況)の確認

スタンプをリクエストすると、その後の審査状況がLINEのお知らせ用アカウント「LINE Creators Market」に通知され、LINE Creators Marketの「スタンプ管理」画面のステータスで確認することができます。

◉お知らせ用アカウント「LINE Creators Market」

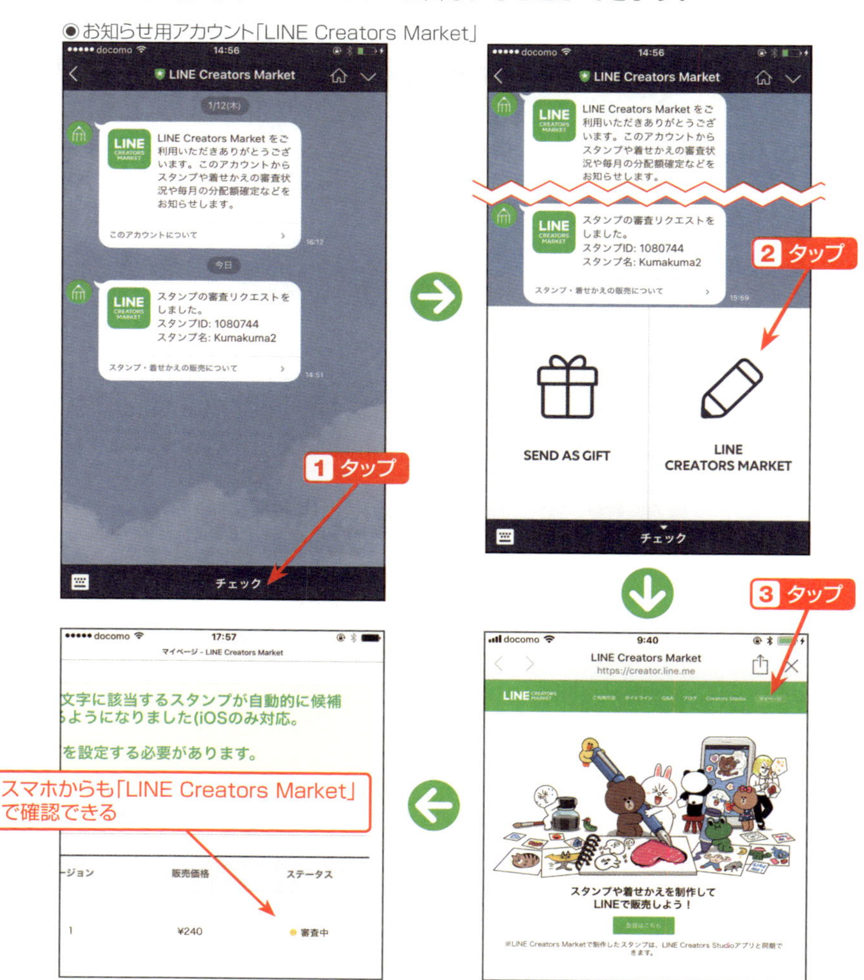

◉スタンプ管理画面

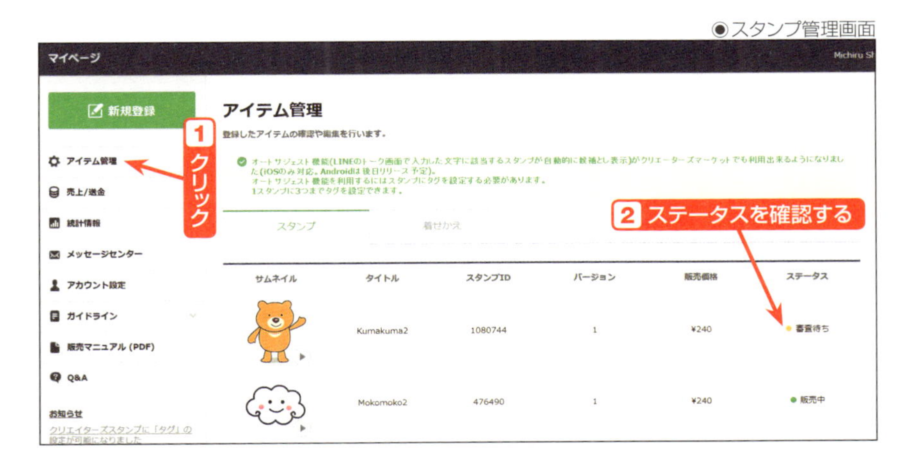

スタンプのステータスについて

　スタンプリクエスト後に、スタンプのステータスは、状況によって次のように更新されます。

スタンプリクエスト

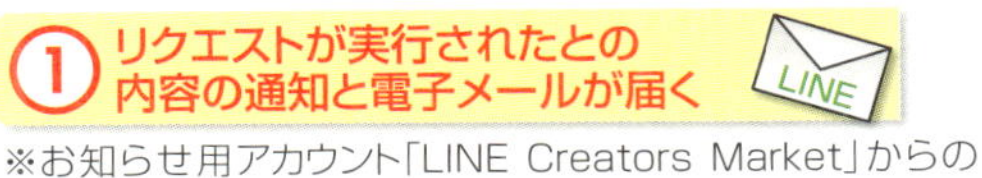

① リクエストが実行されたとの内容の通知と電子メールが届く
LINE

※お知らせ用アカウント「LINE Creators Market」からの通知も届きます。

ステータスの状況

● 審査待ち

② スタンプをリクエストして審査を待っている状態

※ステータスが「審査待ち」の間は、スタンプの編集が可能です。ただし、審査開始の順番が後回しになる場合があります。

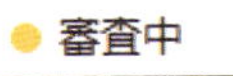

● 審査中

③ 審査が開始された状態（LINEの通知やメールはない）

● 承認

④ 審査が承認されたとの内容の通知と電子メールが届く

スタンプリリース

⑤ スタンプを販売したとの内容の通知と電子メールが届く

● 販売中

⑥ スタンプの販売が開始された状態

ONEPOINT その他のステータスの種類

スタンプのステータスは、状況によっては次のような内容が表示されます。

●販売停止

リリースして販売したスタンプの販売を停止した状態。[販売再開]ボタンで販売を再開できます。

●リジェクト

審査に否認された状態です。マイページの「メッセージセンター」から否認理由を確認できます。スタンプの再編集後に再度リクエストをすることも可能です(否認理由によっては不可の場合もある)。

◉メッセージセンターに届いた否認理由の例

メッセージ

LINE

2016-08-22 15:23:10

LINE Creators Marketをご利用いただき、ありがとうございます。

申請されたスタンプは、以下の審査ガイドラインの項目に該当いたします。

対象：画像

1.1.LINEが定めるフォーマットに合致しないもの
※イラストの内部が透過されています
>01 - 01,16フレーム
>10 - 06~12フレーム
>19 - 04フレーム

フレームの一部の画像内が透過されている

※静止画として表示される1フレーム目の調整をお願いします。
>21

1フレーム目が静止画として表示される場合に内容が不自然(アニメーションの趣旨がわからない)

スタンプを修正のうえ、再度リクエストをお願いいたします。

◎審査ガイドライン
https://creator.line.me/ja/review_guideline/

アニメーションスタンプを販売する

ここでは、審査に承認されたアニメーションスタンプの販売を開始する方法を説明します。

1 スタンプ管理画面の表示

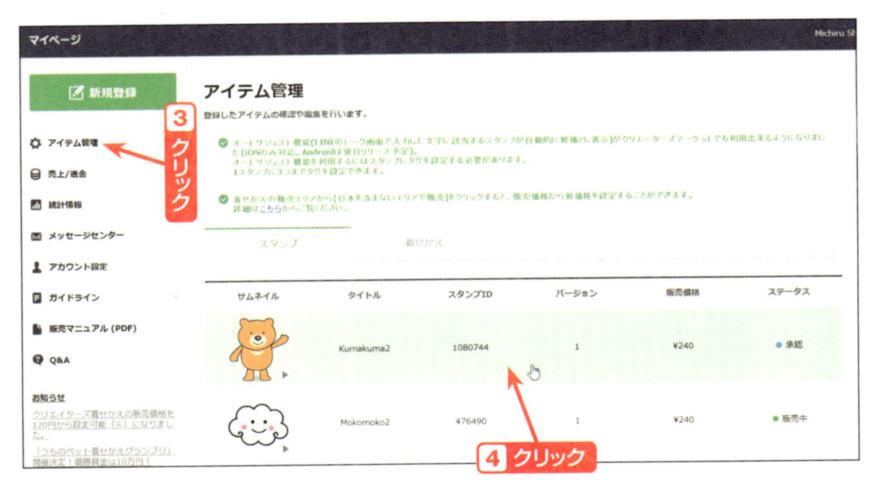

2 リリースの実行

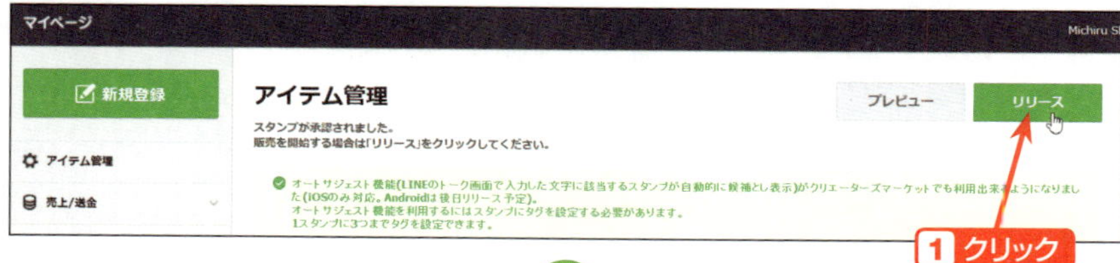

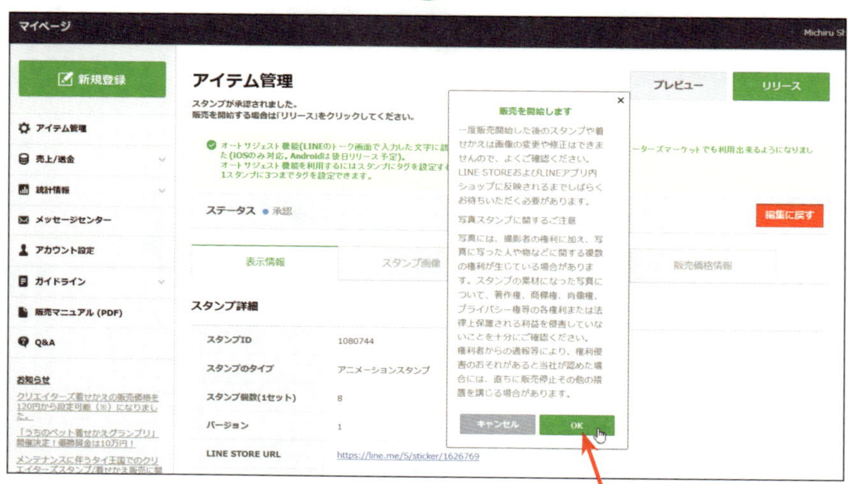

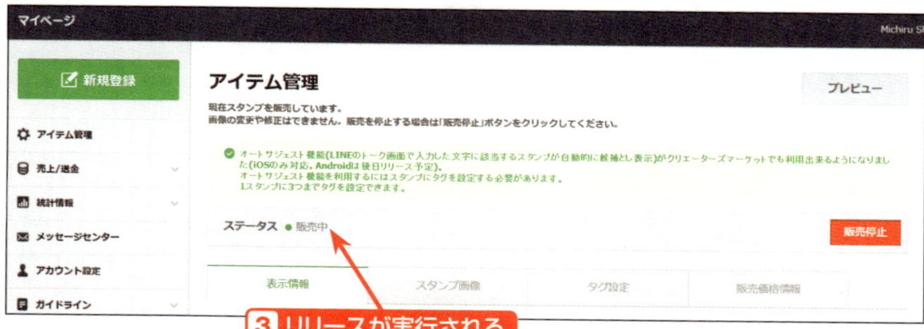

HINT

この後、スタンプを販売したとの内容の通知と電子メールが届きます。

HINT

「LINE STORE」で販売が開始されるまでしばらく時間がかかる場合があります。

3 「LINE STORE」での販売の開始

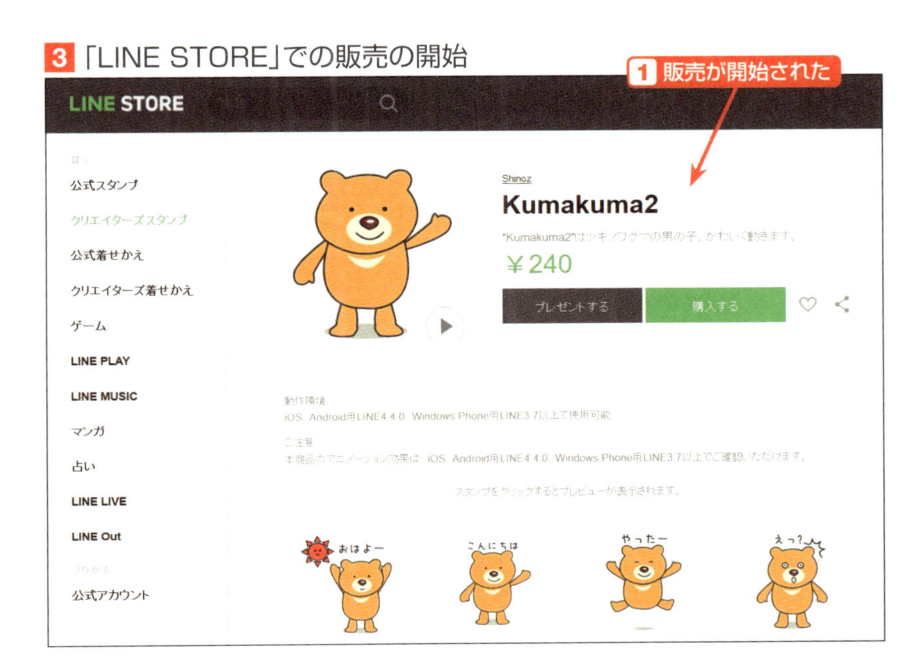

ONEPOINT
販売されたスタンプを友人に知らせる方法

　スタンプをリリースすると、LINE STOREから販売できるようになります。販売が開始されたしばらくの期間は、クリエイターズスタンプの「新着」欄に表示されます。スタンプが承認されると、専用のLINE STORE URLが発行されるので、友人にメールで知らせたり、ブログやTwitterなどに公開することができます。また、自分のスタンプをトークで使うことで、相手に素早く購入画面へ誘導させることができます。ただし、販売開始になったスタンプを自分で使うには、LINEのスタンプショップから購入する必要があります。

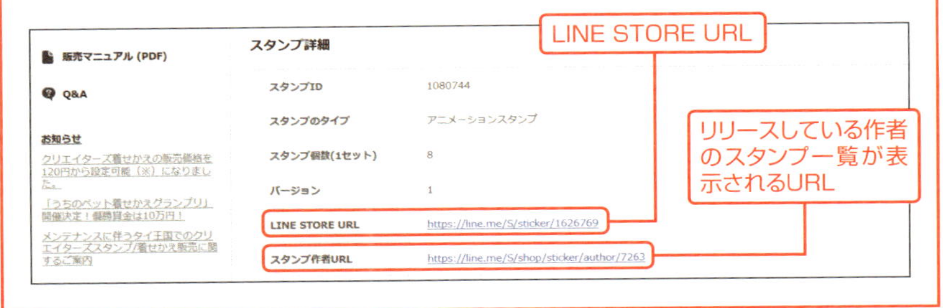

た行

な行

は行

ま行

や行

ら行

■著者紹介

篠塚（しのづか）　充（みちる）

PCで仕事をすることになったのは、これからの消費者とPCとの関わりについてを卒論のテーマにしたことがきっかけ。営業、編集、システム開発課勤務を経て1999年にテクニカルライターへ転身。得意分野はWeb関係とグラフィック。

編集担当：西方洋一 ／ カバーデザイン：秋田勘助（オフィス・エドモント）

LINEアニメーションスタンプを作って売る本

2018年2月1日　初版発行

著　者　篠塚充

発行者　池田武人

発行所　株式会社　シーアンドアール研究所

本　　社　新潟県新潟市北区西名目所4083-6（〒950-3122）

電話　025-259-4293　FAX　025-258-2801

印刷所　株式会社　ルナテック

ISBN978-4-86354-237-2　C3055

Printed in Japan